Einstern

Mathematik für Grundschulkinder

2

Arbeitsheft

Erarbeitet von Roland Bauer und Jutta Maurach

In Zusammenarbeit mit der
Cornelsen Redaktion Grundschule

Cornelsen

Inhaltsverzeichnis

Einstern hilft dir:

rechnen

erkennen

denken

Anzahlen schätzen und ermitteln

1 Schätze zunächst die Anzahl.
Zähle anschließend. Erstelle dazu eine Strichliste.

a)

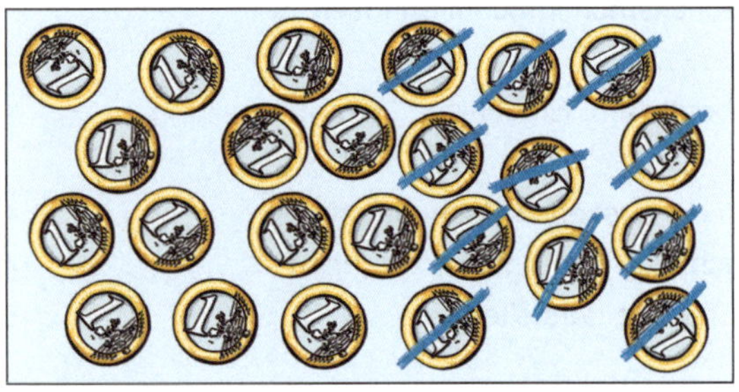

geschätzt: ☐ Euro

gezählt:

Z	E

Es sind ☐ Euro.

b)

geschätzt: ☐ Gummibärchen

gezählt: ______

Z	E

Es sind ☐ Gummibärchen.

c)

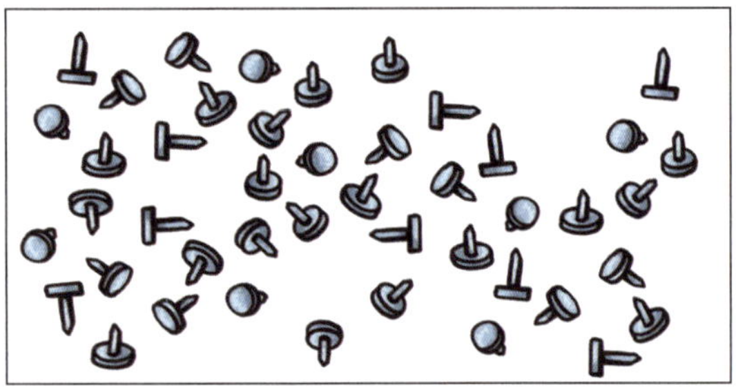

geschätzt: ☐ Nägel

gezählt: ______

Z	E

Es sind ☐ Nägel.

2 Zähle die Perlen geschickt. Fasse dabei immer 10 zusammen.

a)

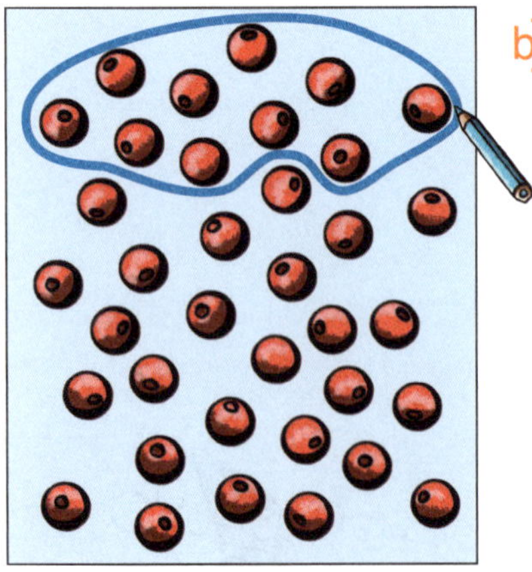

Z	E

Es sind ☐ Perlen.

b)

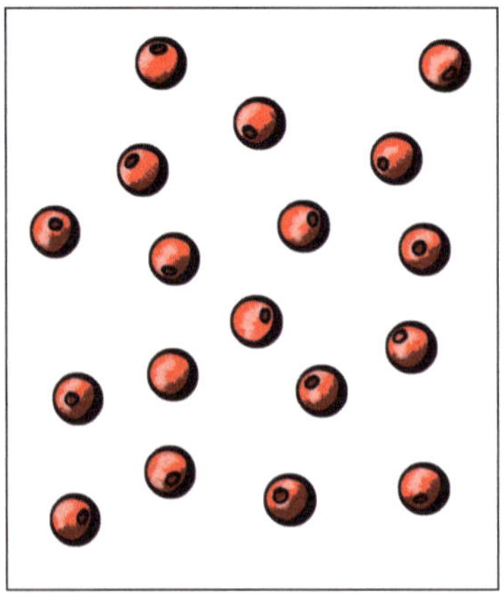

Z	E

Es sind ☐ Perlen.

c)

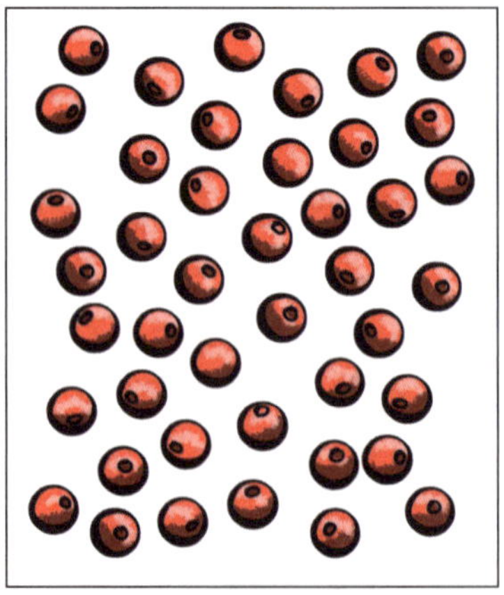

Z	E

Es sind ☐ Perlen.

Fehlende Zahlen in der Hundertertafel ergänzen

1 Trage die fehlenden Zahlen ein.

a)

1	2	3	4	5	6		8	9	10
	12		14	15		17	18		20
	22			25		27		29	
31		33		35	36			39	40
41	42			45		47			50
		53			56		58		60
61			64			67		69	
	72			75			78		
81			84		86		88		90
	92			95			98		

b)

		6	
14			
	25		
			37
	45		
		56	
64		66	
		86	
		96	

c)

		9
27	28	

d)

	66	
75		

e)

36	37		
46			

f)

			39

g)

13			
			36

h)

		56	
	75		

i)

		78		

k)

11								
				25				
								39

Zahlen am Zahlenstrahl eintragen

1 Trage die Zahlen mit einem Pfeil am Zahlenstrahl ein.

a) 36, 45, 54, 87, 63, 78, 22

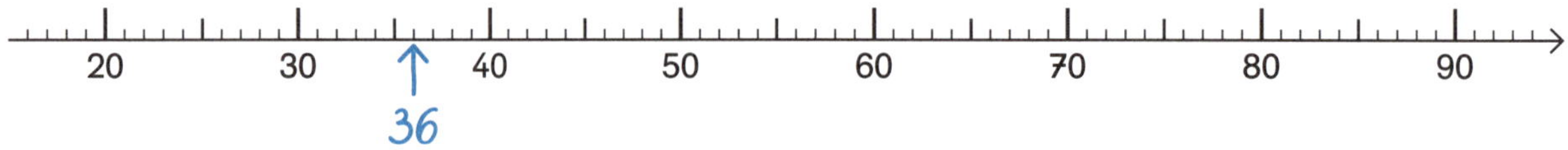

b) 82, 94, 43, 57, 75, 36, 64

2 Setze die richtigen Zahlen ein.

a)

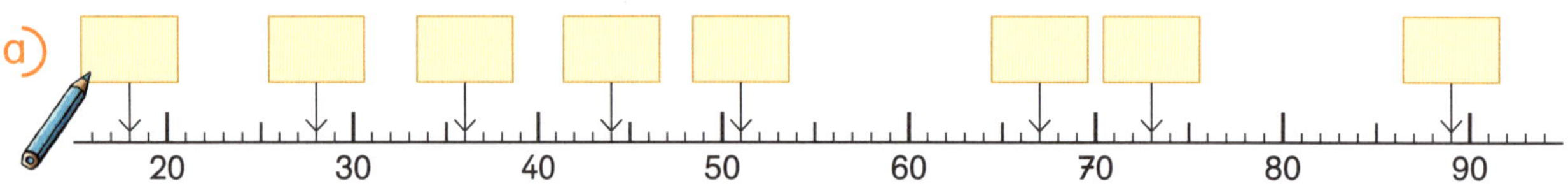

b)

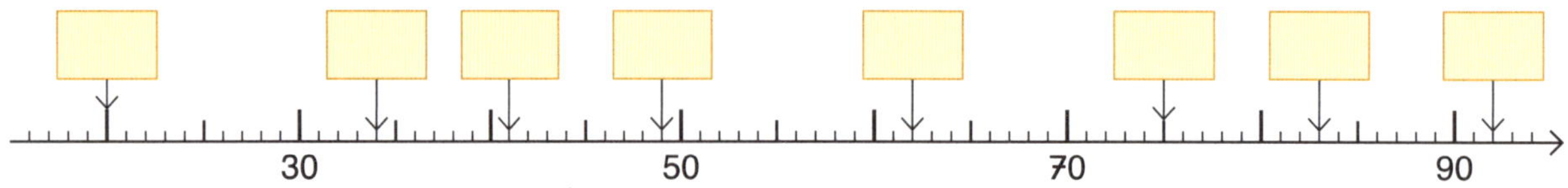

3 Trage ein, wo diese Zahlen ungefähr stehen.

a) 38, 71, 92, 29, 47, 55, 83

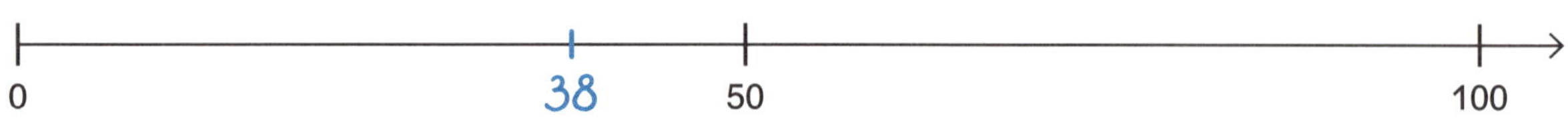

b) 66, 27, 74, 18, 39, 52, 86

Zahlenfolgen ergänzen/Zahlen vergleichen und ordnen

1 Trage die fehlenden Zahlen ein.

a)	26	28			34				42	
b)	49				41					31
c)				35						95
d)	98						38			
e)	35		45							
f)		80						50		

2 Setze die Zeichen <, > oder = passend ein.

a)	b)	c)	d)
43 < 54	47 ◯ 36	76 ◯ 78	92 ◯ 90
57 ◯ 48	83 ◯ 91	19 ◯ 19	28 ◯ 42
25 ◯ 52	38 ◯ 38	54 ◯ 45	63 ◯ 37

3 Ordne die Zahlen. Die Buchstaben ergeben ein Lösungswort.

a) Beginne mit der kleinsten Zahl.

56	~~45~~	74	49	58	75	64
R	~~G~~	F	I	A	E	F

45						
G						

15	22	20	18	23	25	17
E	A	F	E	N	T	L

b) Beginne mit der größten Zahl.

86	60	~~94~~	48	88	68	58
S	O	~~N~~	N	A	H	R

94						
N						

67	77	75	65	73	64	63
G	K	Ä	U	N	R	U

Einem Bild Informationen entnehmen

1 Kreuze an und finde selbst passende Aussagen.

Aussage	stimmt	stimmt nicht	kann ich nicht wissen
Vor dem Eisstand stehen 3 Kinder.	X		
Lisa isst am liebsten Erdbeereis.			
Tim muss 1 € bezahlen.			
Am Samstag öffnet das Freibad um 8 Uhr.			
Lisa bleibt 4 Stunden im Freibad.			
Im Nichtschwimmerbecken sind 5 Kinder.			
Am Beckenrand sitzen 2 Kinder.			
Der Bademeister ist 41 Jahre alt.			
	X		
		X	
			X

Einem Text Informationen entnehmen

Meine Klasse

Ich gehe in die Klasse 2a. Wir sind 13 Mädchen und 14 Jungen. Zusammen sind wir 27 Kinder. Unsere Lehrerin heißt Frau Müller. Jeden Vormittag haben wir 2 Pausen. In der 1. Pause essen wir. In der 2. Pause spielen wir auf dem Schulhof. Die Schulhofpause dauert 20 Minuten. Das Lieblingsfach der meisten Kinder ist Sport. Mir gefallen die Kopfrechenspiele in Mathematik.

Im Klassenzimmer sitzen immer 4 Kinder an einem Gruppentisch. Mein Tischnachbar heißt Paul. Gegenüber von uns sitzen 2 Mädchen. Die beiden holen für die Lehrerin jede Woche 10 Bücher aus der Bücherei.

Tim

1 Ergänze die Aussagen. Unterstreiche im Text die Sätze, in denen du die Informationen findest. Verwende ein Lineal.

a) In Tims Klasse sind 27 Kinder.

b) Immer ___ Kinder sitzen an einem Gruppentisch zusammen.

c) In der ___ Pause spielen die Kinder auf dem Schulhof.

d) In der Klasse 2a sind ___ Jungen.

e) Zwei Mädchen holen jede Woche ___ Bücher aus der Bücherei.

f) In der ___ Pause essen die Kinder.

g) Die Schulhofpause dauert ___ Minuten.

h) Gegenüber von Tim sitzen ___ Mädchen.

i) Jeden Vormittag haben die Kinder ___ Pausen.

k) Tims Tischnachbar heißt ______________.

Geometrische Grundformen erkennen und einzeichnen

1 Suche alle Quadrate und Dreiecke. Zähle sie.

a)

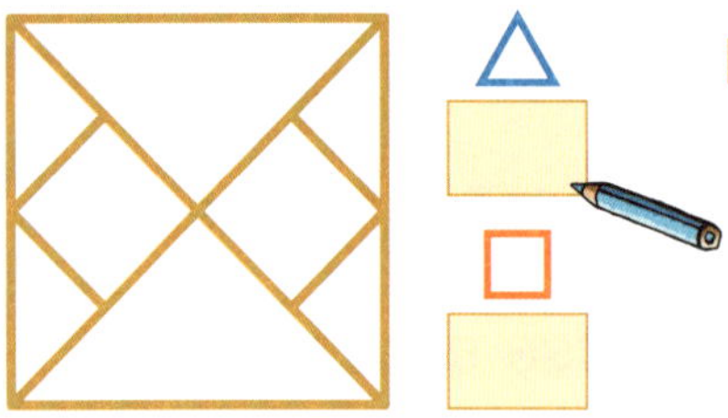

b)

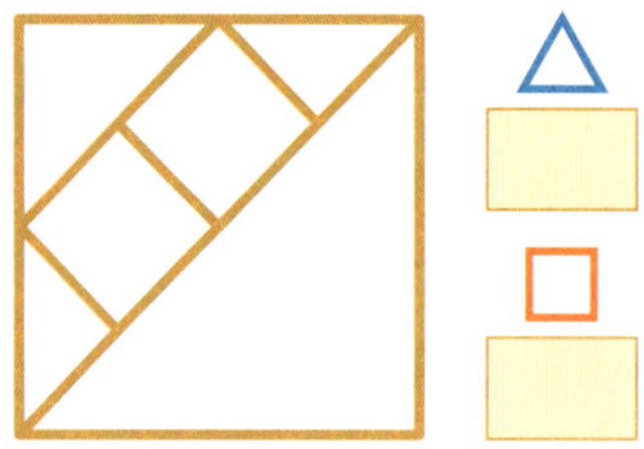

c)

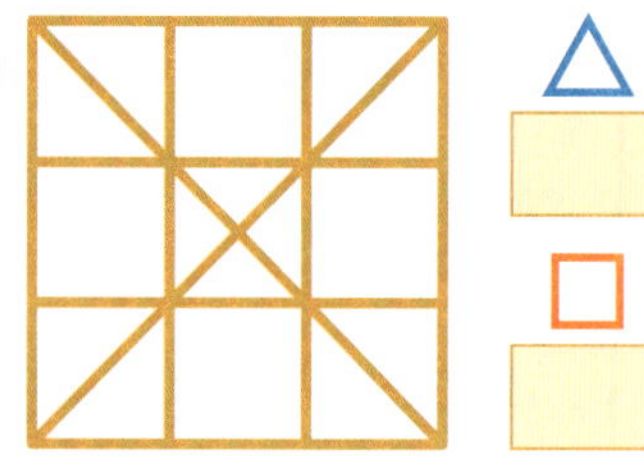

2 Setze die Figuren in Gedanken aus kleinen Quadraten □ und Dreiecken △ zusammen. Zeichne die Lösungen ein.

a)

b)

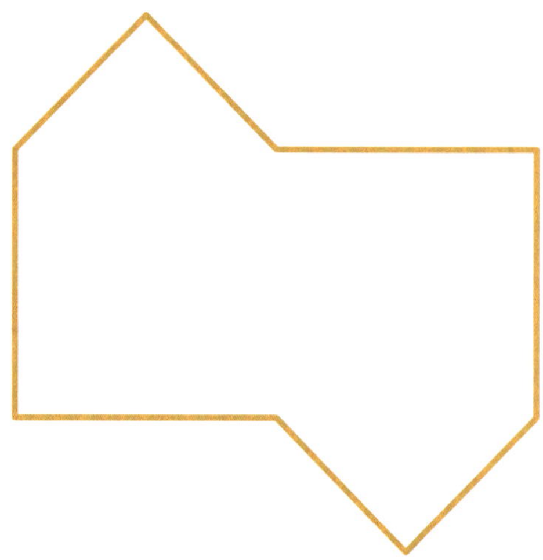

c)

d)

e)

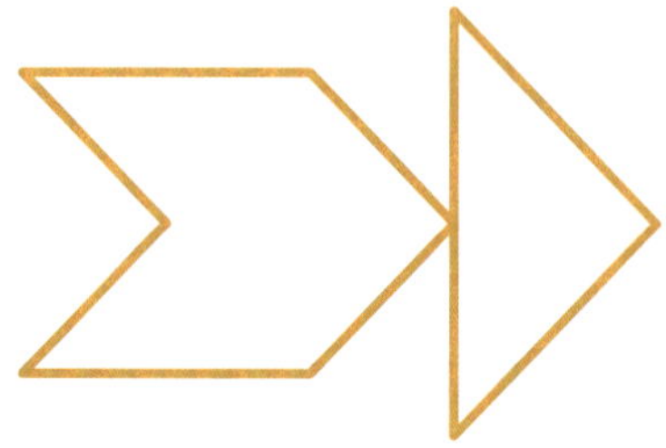

Muster fortsetzen

1 Setze die Muster fort.

a) Flächenmuster

b) Strichmuster

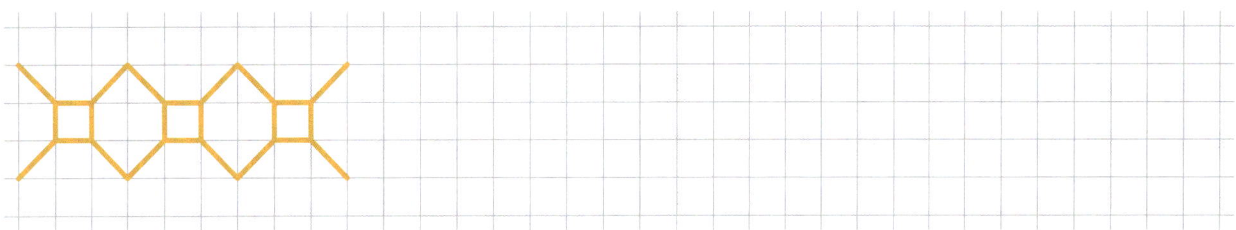

2 Zeichne eigene Muster.

a) Flächenmuster

b) Strichmuster

Spiegelbilder zuordnen

1 Immer zwei Bilder sind Spiegelbilder. Ordne die Spiegelbilder richtig zu.

a)

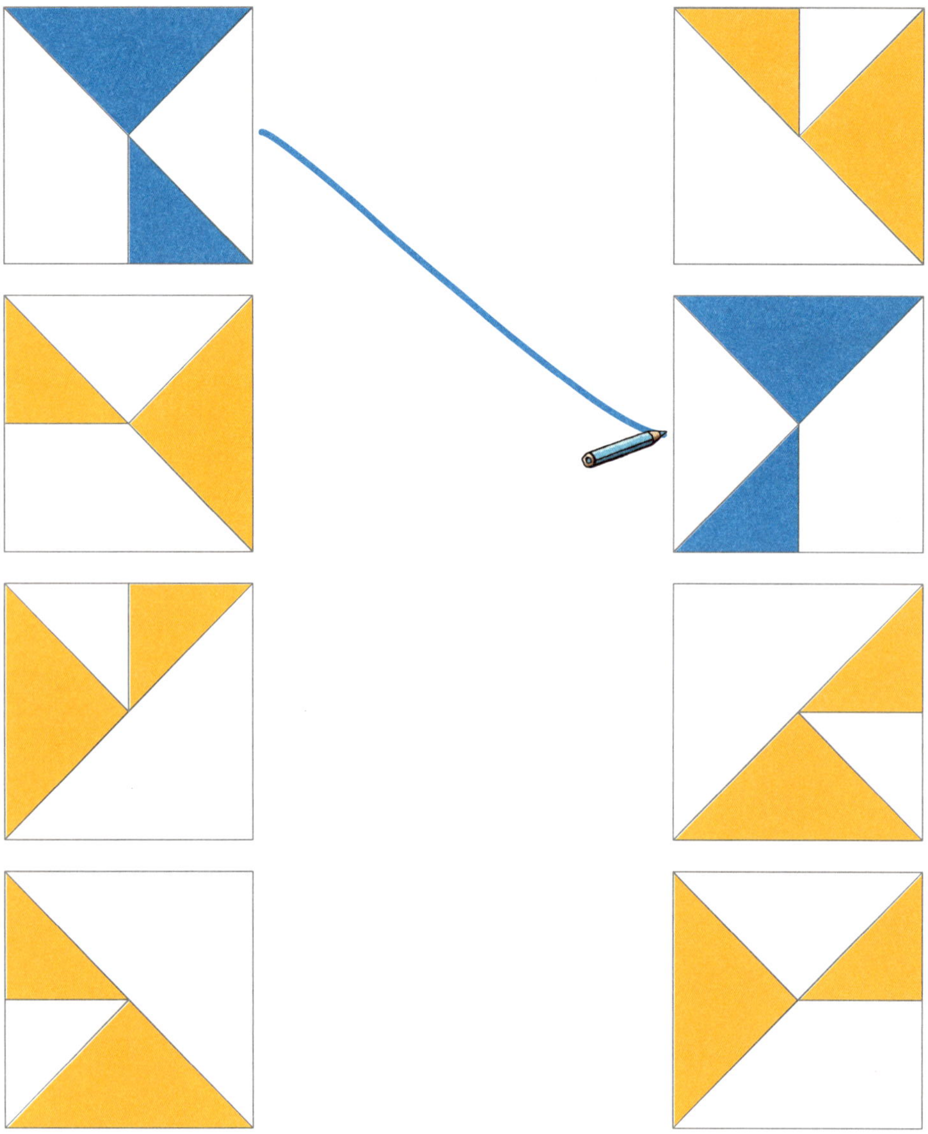

b)

Symmetrische Figuren ergänzen

1 Ergänze das Spiegelbild.

a) 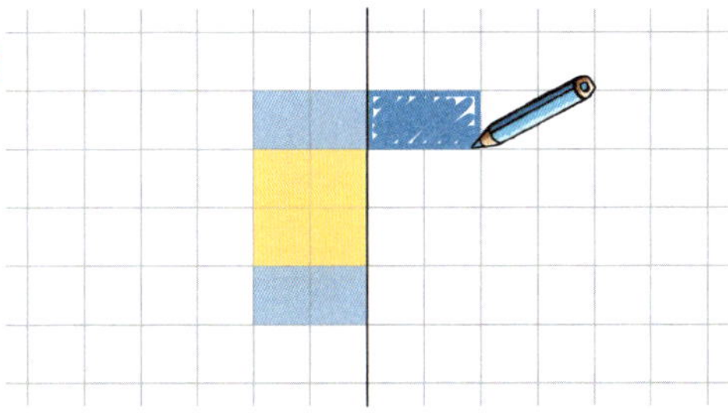

b) 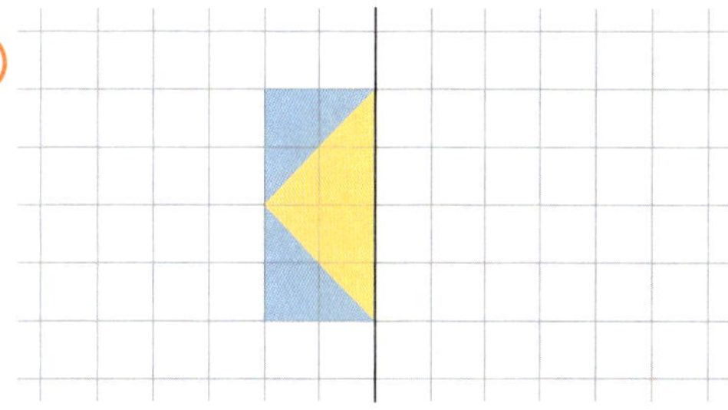

c) 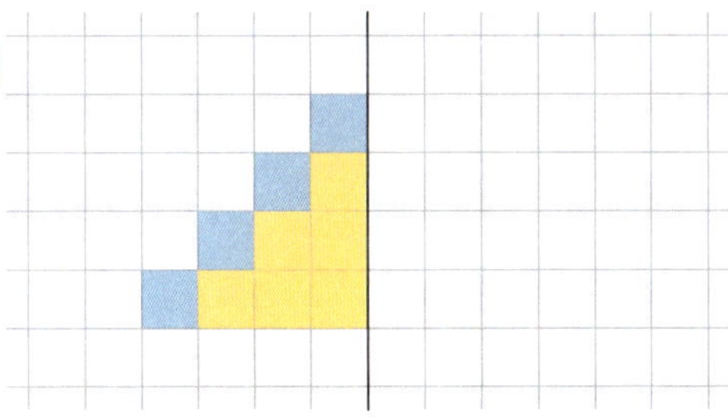

d) 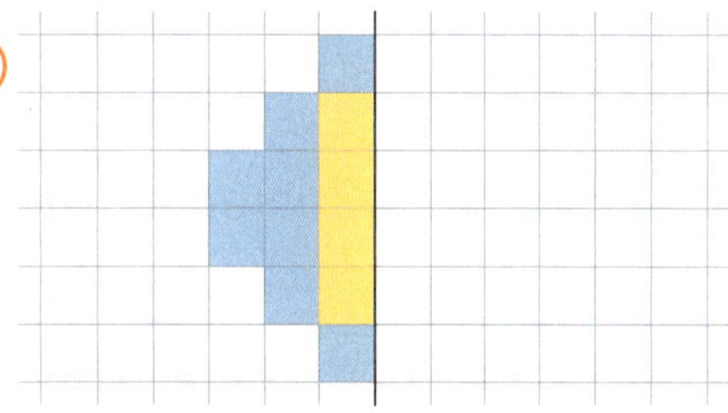

e) 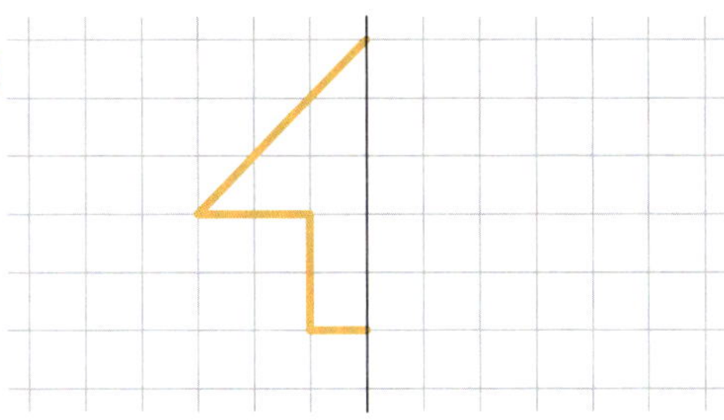

f) 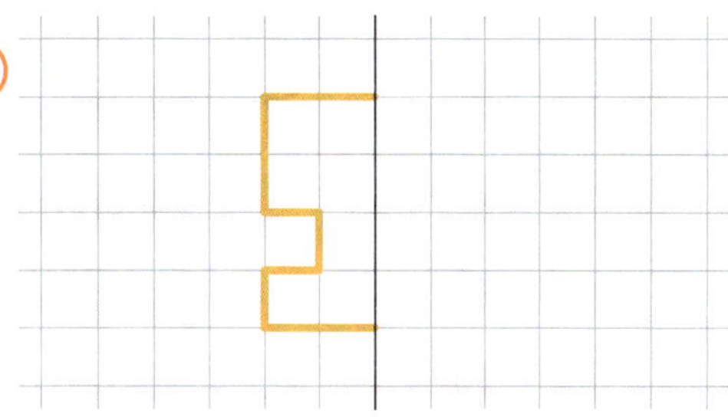

g) 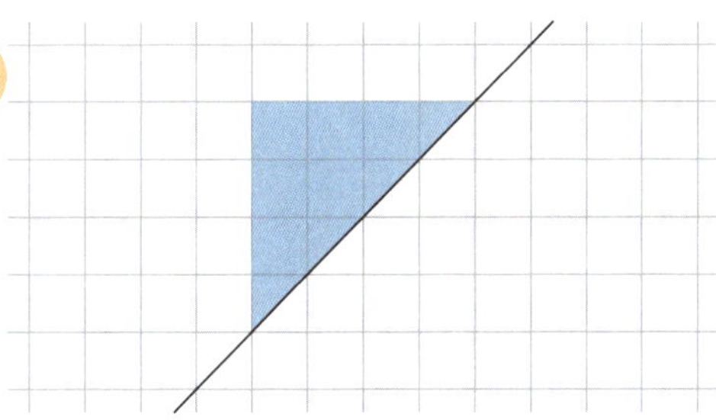

h) 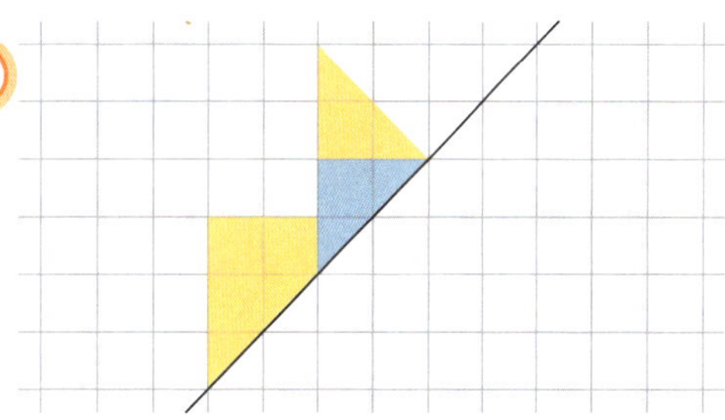

i) 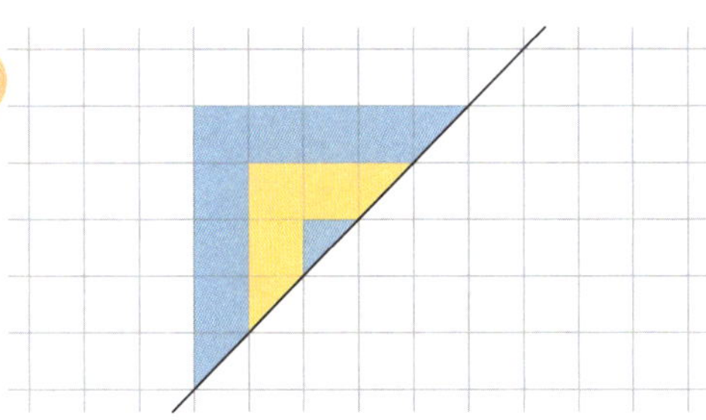

k) 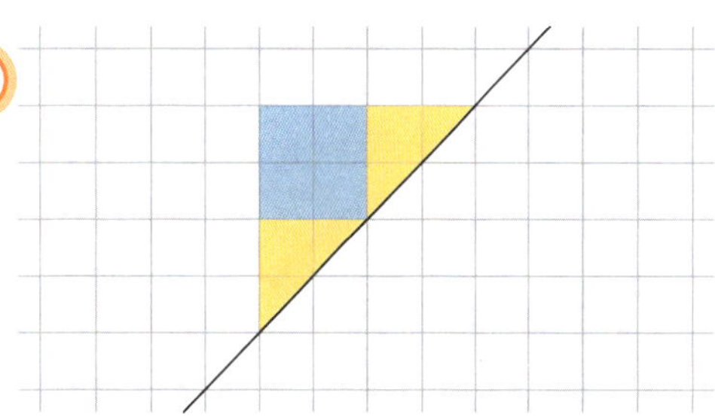

l) 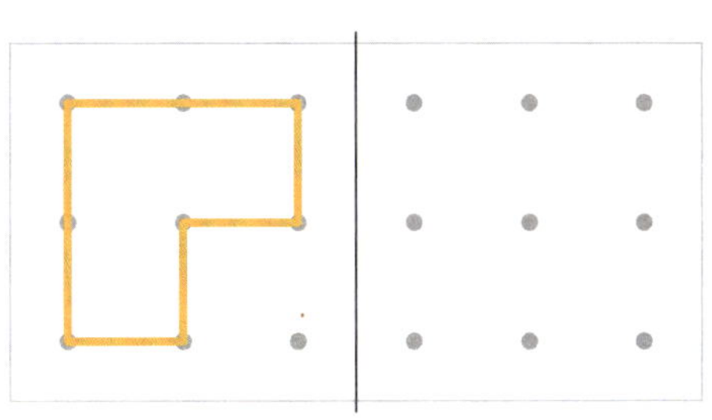

m) 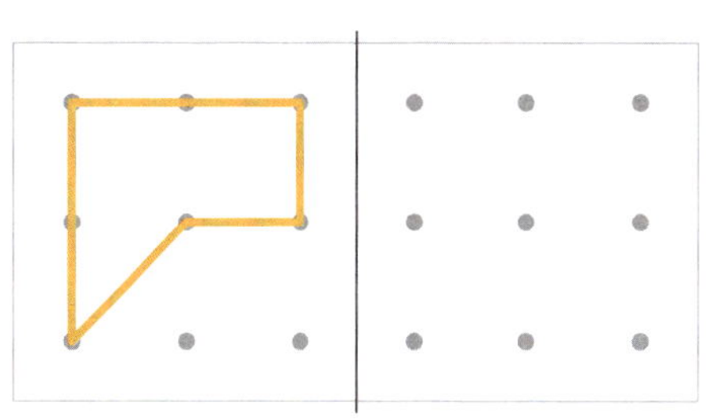

Verwandte Plusaufgaben lösen (1)

1 Löse verwandte Aufgabenpaare und finde selbst welche.

a) 3 + 4 = 7
43 + 4 = 47

b) 7 + 3 = ☐
87 + 3 = ☐

c) 2 + 4 = ☐
62 + 4 = ☐

d) ☐ + ☐ = ☐
☐ + ☐ = ☐

e) ☐ + ☐ = ☐
☐ + ☐ = ☐

f) ☐ + ☐ = ☐
☐ + ☐ = ☐

2 Erstelle verwandte Zahlenhäuser.

a)

6	
1	5
2	4

36	
31	5
32	4

b)

8	

58	

c)

7	

87	

d)

9	

79	

3 Setze die Aufgabenreihen fort.

4 + 3

a)
5 + 4 = ☐
15 + 4 = ☐
25 + 4 = ☐
☐ + ☐ = ☐
☐ + ☐ = ☐
☐ + ☐ = ☐
☐ + ☐ = ☐

b)
2 + 6 = ☐
12 + 6 = ☐
22 + 6 = ☐
☐ + ☐ = ☐
☐ + ☐ = ☐
☐ + ☐ = ☐
☐ + ☐ = ☐

c)
94 + 3 = ☐
84 + 3 = ☐
74 + 3 = ☐
☐ + ☐ = ☐
☐ + ☐ = ☐
☐ + ☐ = ☐
☐ + ☐ = ☐

Plusaufgaben üben (1)

1 Berechne die Aufgaben. Male die Felder mit den Ergebniszahlen aus.

1	2	3	4	5	6	7	8	9	10
11	12	13	14	15	16	17	18	19	20
21	22	23	24	25	26	27	28	29	30
31	32	33	34	35	36	37	38	39	40
41	42	43	44	45	46	47	48	49	50
51	52	53	54	55	56	57	58	59	60
61	62	63	64	65	66	67	68	69	70
71	72	73	74	75	76	77	78	79	80
81	82	83	84	85	86	87	88	89	90
91	92	93	94	95	96	97	98	99	100

a)
3 + 3 = 6
22 + 4 =
51 + 5 =
84 + 3 =
76 + 2 =

b)
50 + 3 =
50 + 1 =
11 + 5 =
82 + 3 =
55 + 4 =

c)
34 + 2 =
71 + 2 =
12 + 5 =
50 + 5 =
53 + 4 =

d)
60 + 2 =
57 + 3 =
36 + 2 =
11 + 3 =
52 + 2 =

e)
41 + 5 =
54 + 4 =
32 + 7 =
22 + 6 =
67 + 2 =

f)
81 + 5 =
51 + 1 =
23 + 4 =
33 + 4 =
2 + 5 =

g)
11 + 4 =
22 + 2 =
31 + 3 =
20 + 5 =
33 + 2 =

h)
2 + 3 =
32 + 1 =
81 + 3 =
21 + 2 =
30 + 2 =

Verwandte Minusaufgaben lösen (1)

1 Löse verwandte Aufgabenpaare und finde selbst welche.

a)	b)	c)
7 − 5 = 2	9 − 7 = ___	8 − 3 = ___
37 − 5 = 32	79 − 7 = ___	98 − 3 = ___

d)	e)	f)
6 − 5 = ___	8 − 5 = ___	9 − 4 = ___
86 − 5 = ___	48 − 5 = ___	59 − 4 = ___

g)	h)	i)
___ − ___ = ___	___ − ___ = ___	___ − ___ = ___
___ − ___ = ___	___ − ___ = ___	___ − ___ = ___

2 Setze die Aufgabenreihen fort.

8 − 5

a)	b)	c)
5 − 4 = ___	6 − 2 = ___	98 − 5 = ___
15 − 4 = ___	16 − 2 = ___	88 − 5 = ___
25 − 4 = ___	26 − 2 = ___	78 − 5 = ___
___ − ___ = ___	___ − ___ = ___	___ − ___ = ___
___ − ___ = ___	___ − ___ = ___	___ − ___ = ___
___ − ___ = ___	___ − ___ = ___	___ − ___ = ___
___ − ___ = ___	___ − ___ = ___	___ − ___ = ___

3 Male die Kärtchen mit verwandten Aufgaben in der gleichen Farbe aus.
Löse die Aufgaben.

27 − 4 = 23	88 − 7 = ___	86 − 3 = ___	39 − 2 = ___
98 − 4 = ___	79 − 2 = ___	57 − 5 = ___	67 − 4 = 63
27 − 6 = ___	15 − 3 = ___	38 − 4 = ___	16 − 3 = ___
17 − 5 = ___	28 − 7 = ___	67 − 6 = ___	75 − 3 = ___

Minusaufgaben üben

19

1 Berechne die Aufgaben.
Male die Felder mit den Ergebniszahlen aus.

1	2	3	4	5	6	7	8	9	10
11	12	13	14	15	16	17	18	19	20
21	22	23	24	25	26	27	28	29	30
31	32	33	34	35	36	37	38	39	40
41	42	43	44	45	46	47	48	49	50
51	52	53	54	55	56	57	58	59	60
61	62	63	64	65	66	67	68	69	70
71	72	73	74	75	76	77	78	79	80
81	82	83	84	85	86	87	88	89	90
91	92	93	94	95	96	97	98	99	100

a)
29 – 8 = 21
49 – 4 = ☐
57 – 3 = ☐
38 – 5 = ☐
59 – 2 = ☐
80 – 2 = ☐

b)
77 – 4 = ☐
29 – 6 = ☐
58 – 2 = ☐
49 – 1 = ☐
56 – 3 = ☐
68 – 5 = ☐

c)
59 – 4 = ☐
50 – 3 = ☐
18 – 5 = ☐
29 – 7 = ☐
48 – 4 = ☐
50 – 1 = ☐

d)
48 – 5 = ☐
60 – 2 = ☐
40 – 1 = ☐
49 – 3 = ☐
70 – 2 = ☐
18 – 6 = ☐

Verwandte Plusaufgaben lösen (2)

1 Löse verwandte Aufgabenpaare.

a) + 6

6	12
36	42
8	
48	
9	
79	
7	
67	

b) + 7

7	
57	
5	
65	
8	
78	
6	
46	

c) + 8

5	
35	
9	
69	
6	
86	
4	
54	

d) + 9

4	
34	
7	
57	
3	
43	
5	
85	

2 Suche und berechne zuerst die kleine Aufgabe.
Schreibe beide Aufgaben auf.

a) 9 + 5 = 14
49 + 5 = ☐

b) ☐ + ☐ = ☐
27 + 8 = ☐

c) ☐ + ☐ = ☐
76 + 9 = ☐

d) ☐ + ☐ = ☐
54 + 7 = ☐

e) ☐ + ☐ = ☐
39 + 4 = ☐

f) ☐ + ☐ = ☐
68 + 6 = ☐

3 Male die Kärtchen mit verwandten Aufgaben in der gleichen Farbe aus.
Löse die Aufgaben. Immer drei Kärtchen gehören zusammen.

6 + 7 = 13	67 + 8 = ☐	38 + 6 = ☐	79 + 3 = ☐
49 + 3 = ☐	26 + 7 = 33	47 + 8 = ☐	8 + 6 = ☐
7 + 8 = ☐	88 + 6 = ☐	9 + 3 = ☐	56 + 7 = ☐

Plusaufgaben üben (2)

1 Löse die Aufgaben.

a)	b)	c)	d)
35 + 8 = ☐	28 + 9 = ☐	59 + 6 = ☐	66 + 9 = ☐
46 + 6 = ☐	87 + 8 = ☐	84 + 9 = ☐	34 + 8 = ☐
69 + 4 = ☐	75 + 6 = ☐	37 + 5 = ☐	79 + 4 = ☐
53 + 9 = ☐	46 + 7 = ☐	45 + 7 = ☐	57 + 7 = ☐

2 Bilde Aufgaben und löse sie.

46, 38, 68 + 7, 5

46 + 7 = ☐	☐ + ☐ = ☐
☐ + ☐ = ☐	☐ + ☐ = ☐
☐ + ☐ = ☐	☐ + ☐ = ☐

3 Fülle die Rechentabellen aus.

a)

+	9	6	8	5	7
27					
68					
45					
89					

b)

+	6	4	8	7	9
57					
36					
19					
78					

4 Rechne und bilde selbst solche Aufgabenpaare.

a) 45 + 8 = 53	b) 56 + 7 = ☐
48 + 5 = 53	57 + 6 = ☐
c) 78 + 4 = ☐	d) 89 + 5 = ☐
☐ + ☐ = ☐	☐ + ☐ = ☐
e) ☐ + ☐ = ☐	f) ☐ + ☐ = ☐
☐ + ☐ = ☐	☐ + ☐ = ☐

Verwandte Minusaufgaben lösen (2)

1 Fülle die Rechentabellen aus.

a)

−	3	5	7	8	9
11	8				
31	28				
13					
43					
15					
75					

b)

−	6	2	4	7	9
12					
52					
14					
84					
16					
46					

2 Suche und berechne zuerst die kleine Aufgabe.
Schreibe beide Aufgaben auf.

a) 12 − 7 = 5
32 − 7 = ☐

b) ☐ − ☐ = ☐
53 − 6 = ☐

c) ☐ − ☐ = ☐
71 − 4 = ☐

d) ☐ − ☐ = ☐
47 − 8 = ☐

e) ☐ − ☐ = ☐
85 − 9 = ☐

f) ☐ − ☐ = ☐
63 − 5 = ☐

3 Verbinde die Kärtchen mit verwandten Aufgaben. Löse die Aufgaben.
Immer drei Kärtchen gehören zusammen.

15 − 8 = 7	81 − 4 = ☐	95 − 8 = ☐
14 − 9 = ☐	45 − 8 = ☐	51 − 4 = ☐
11 − 4 = ☐	74 − 9 = ☐	42 − 6 = ☐
13 − 7 = ☐	92 − 6 = ☐	63 − 7 = ☐
12 − 6 = ☐	33 − 7 = ☐	24 − 9 = ☐

Minusaufgaben lösen und kontrollieren

1 Rechne und kontrolliere mit der Umkehraufgabe.

a)	b)	c)	d)
62 − 5 = 57	37 − 8 =	32 − 6 =	91 − 6 =
91 − 9 =	61 − 7 =	51 − 8 =	48 − 9 =
43 − 7 =	92 − 8 =	94 − 9 =	71 − 4 =
71 − 2 =	53 − 9 =	63 − 5 =	53 − 6 =

~~57 + 5 = 62~~ | 29 + 8 = 37 | 58 + 5 = 63 | 39 + 9 = 48

26 + 6 = 32 | 82 + 9 = 91 | 43 + 8 = 51 | 44 + 9 = 53

36 + 7 = 43 | 85 + 6 = 91 | 69 + 2 = 71 | 47 + 6 = 53

67 + 4 = 71 | 54 + 7 = 61 | 85 + 9 = 94 | 84 + 8 = 92

2 Kontrolliere die Aufgaben. Rechne dazu auch die Umkehraufgaben.
Tipp: 6 Aufgaben sind falsch.

a)	b)	c)	d)
55 − 6 = 49 ✓	42 − 4 = 38 ___	42 − 8 = 34 ___	34 − 6 = 28 ___
83 − 8 = ~~74~~ 75	85 − 7 = 78 ___	54 − 7 = 47 ___	41 − 4 = 46 ___
31 − 7 = 24 ___	54 − 9 = 45 ___	37 − 8 = 28 ___	57 − 9 = 48 ___
96 − 9 = 85 ___	76 − 8 = 69 ___	43 − 5 = 38 ___	76 − 8 = 84 ___

3 Bilde Aufgaben und löse sie.

84, 73, 32 (−) 8, 6

___ − ___ = ___	___ − ___ = ___
___ − ___ = ___	___ − ___ = ___
___ − ___ = ___	___ − ___ = ___

Fragen und Antworten zuordnen

1 Kreuze die zur **R**echnung passende **F**rage und die passende **A**ntwort an.

a) In der Klasse 2a sind 24 Kinder.
In der Klasse 2b sind 4 Kinder mehr.

R: 24 + 4 = 28

F1 ◯ Wie viele Kinder sind in beiden Klassen zusammen?

F2 ☒ Wie viele Kinder sind in der Klasse 2b?

A1 ☒ In der Klasse 2b sind 28 Kinder.

A2 ◯ In der Klasse 2a sind 24 Kinder.

b) Von den 24 Kindern der Klasse 2a sind in der Pause 9 Kinder auf dem Klettergerüst, 5 Kinder turnen am Reck und die anderen spielen Ball.

R: 24 – 9 – 5 = 10

F1 ◯ Wie viele Kinder spielen Ball?

F2 ◯ Wie viele Kinder turnen am Reck?

A1 ◯ 5 Kinder turnen am Reck.

A2 ◯ 10 Kinder spielen Ball.

c) Von den 24 Kindern der Klasse 2a können 9 Kinder schon schwimmen.
Die anderen Kinder können noch nicht schwimmen.

R: 24 – 9 = 15

F1 ◯ Wie viele Kinder gehen zum Schwimmen?

F2 ◯ Wie viele Kinder können noch nicht schwimmen?

A1 ◯ 15 Kinder können noch nicht schwimmen.

A2 ◯ 24 Kinder gehen zum Schwimmen.

Mit Wochentagen, Monaten und dem Datum umgehen

1 Ergänze die Tabelle.

gestern	heute	morgen
Montag, 7. November	Dienstag, 8. November	Mittwoch, 9. November
		Freitag, 24. Juni
Freitag, 15. April		
	Mittwoch, 21.12.	
		Montag, 12.9.
Sonntag, 30.10.		

2 Löse die Rätsel zu den Wochentagen und Monaten.

Nach mir kommt der Donnerstag. Mittwoch	Ich bin der 10. Monat.	Vor mir kommt der Sonntag.
Nach mir kommt der Juli.	Ich bin der letzte Tag der Woche.	In manchen Jahren bin ich einen Tag länger.
Ich habe den kürzesten Monatsnamen.	Der Monat vor mir hat genauso viele Tage wie ich.	Ich bin der Tag zwischen Freitag und Sonntag.

3 Schreibe ein eigenes Rätsel zu den Wochentagen oder Monaten.
Bitte ein anderes Kind, dein Rätsel zu lösen.

Zeitspannen zuordnen

1 Wie viel Zeit ist vergangen? Ordne die Zeitangaben den Bildern zu.

genau eine Woche	einige Stunden	einige Minuten
einige Tage	ein Tag	genau ein Jahr
mehrere Jahre	mehrere Monate	~~einige Sekunden~~

einige Sekunden

Handeln, zeichnen und rechnen

1 Baue eine Mauer aus Steckwürfeln.
In jeder Reihe sollen 8 Würfel sein.
Die Mauer soll 5 Reihen hoch sein.

a) Zeichne die Mauer zu Ende.

b) Wie viele Würfel brauchst du?
Schreibe die passende Plusaufgabe auf.
Schreibe die passende Malaufgabe auf.

$8 + 8 + 8 + 8 + 8 =$

$5 \cdot 8 =$

2 Baue aus Steckwürfeln 5 Vierertürme.

a) Zeichne die Türme hier auf.

b) Wie viele Würfel brauchst du?
Schreibe die passende Plusaufgabe auf.
Schreibe die passende Malaufgabe auf.

3 Mache mit deiner nassen Hand
vier Abdrücke auf die Tafel.

a) Zeichne das Tafelbild hier auf.

b) Wie viele Finger siehst du auf dem Bild?
Schreibe die passende Plusaufgabe auf.
Schreibe die passende Malaufgabe auf.

4 Lege 3 Reihen mit Bonbons.
In jeder Reihe sollen 6 Bonbons liegen.

a) Zeichne die Bonbons hier auf.

b) Wie viele Bonbons hast du insgesamt
vor dir liegen?
Schreibe die passende Plusaufgabe auf.
Schreibe die passende Malaufgabe auf.

Zueinander passende Plus- und Malaufgaben finden

1 Male die Aufgaben, die zusammengehören, in der gleichen Farbe an.
Rechne die Aufgaben aus.

4 · 4 = 16
4 + 4 + 4 + 4 = 16
9 + 9 + 9 =
3 + 3 + 3 + 3 + 3 + 3 + 3 + 3 =
7 + 7 =
3 · 3 =
5 · 2 =
2 + 2 + 2 + 2 + 2 =
2 · 7 =
8 · 3 =
3 · 9 =
3 + 3 + 3 =
7 + 7 + 7 + 7 =
4 · 7 =

2 Schreibe zu jeder Plusaufgabe die passende Malaufgabe.
Rechne beide Aufgaben aus.

a) 4 + 4 + 4 = 12
3 · 4 = 12

b) 6 + 6 + 6 + 6 + 6 =

c) 5 + 5 + 5 =

d) 9 + 9 =

e) 8 + 8 + 8 + 8 =

f) 7 + 7 + 7 =

3 Schreibe zu jeder Malaufgabe die passende Plusaufgabe.
Rechne beide Aufgaben aus.

a) 4 · 4 = 16
4 + 4 + 4 + 4 = 16

b) 3 · 6 =

c) 4 · 5 =

d) 2 · 8 =

e) 3 · 9 =

f) 2 · 7 =

Einmaleinsaufgaben mit 1, 5 und 10 üben

1 Trage die fehlenden Zahlen ein.

a)

· 1 →	
7	7
3	
1	
10	
2	
	6
	4
	8
	5
	9

b)

· 10 →	
8	
9	
3	
2	
5	
	40
	70
	100
	60
	10

c)

· 5 →	
6	
5	
3	
2	
4	
	50
	5
	45
	35
	40

d)

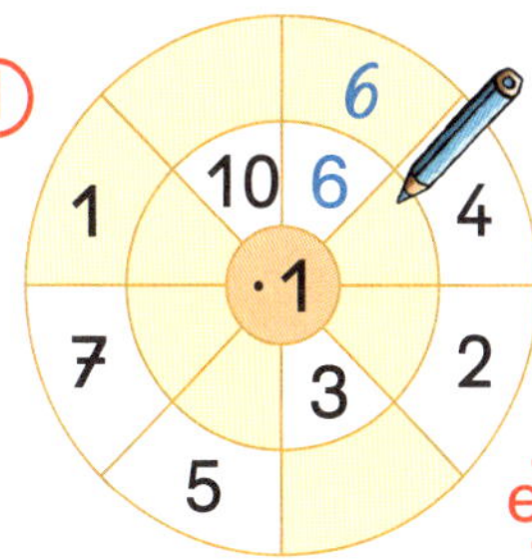

e)

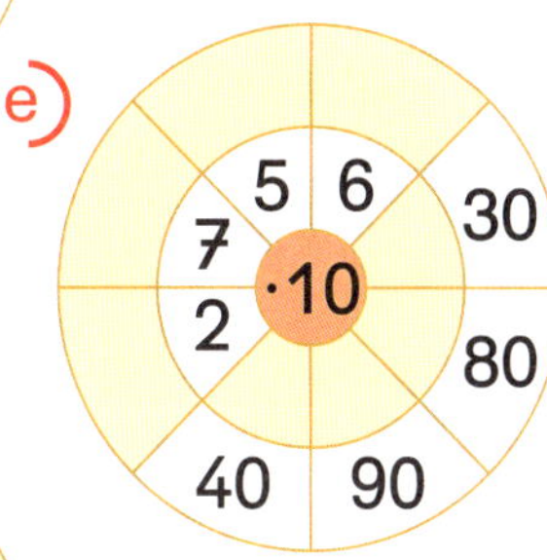

f)

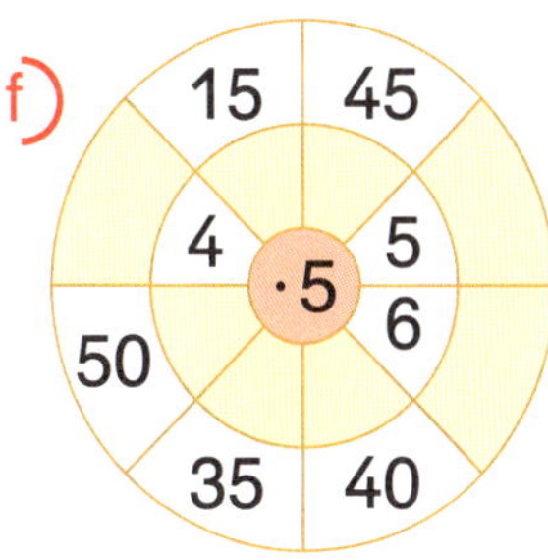

2 Verbinde die Zahlen so, dass Malaufgaben entstehen.
Schreibe die Aufgaben auf.

a)

6 · 5 = 30

b)

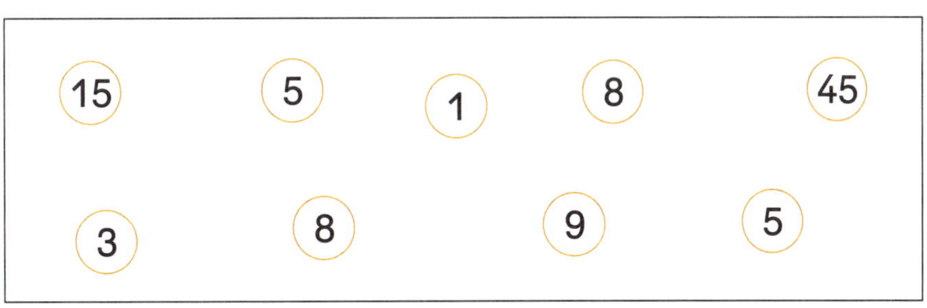

c)

Einmaleinsaufgaben mit 1, 2, 5, 10 und Tauschaufgaben üben 22

1 Löse die Aufgaben aus dem Einmaleins mit 1, 2, 5 und 10.
Trage die Ergebnisse in die Einmaleinstafel ein.

·	1	2	3	4	5	6	7	8	9	10
1	1									
2										
3										
4										
5										
6										
7										
8										
9										
10										

2 Löse auch die Tauschaufgaben zum Einmaleins mit 1, 2, 5 und 10.
Trage die Ergebnisse in die Einmaleinstafel ein.
Schreibe mit einem roten Stift.

3 Betrachte in der Einmaleinstafel das Einmaleins mit 1, 2, 5 und 10 und die Tauschaufgaben zum Einmaleins mit 1, 2, 5 und 10. Was fällt dir auf?

4 Löse die Aufgaben aus dem Einmaleins mit 1, 2, 5 und 10.

·	1	2	5	10
4	4			
8				
6				
9				

5 Löse die Tauschaufgaben zum Einmaleins mit 1, 2, 5 und 10.

·	3	6	7	8
1				
2				
5				
10				

Einmaleinsaufgaben mit 2, 4 und 8 üben

1 Trage die fehlenden Zahlen ein.

Immer das Doppelte

a) ·2 →

9	18
5	
1	
3	
7	
	12
	4
	20
	8
	16

b) ·4 →

5	
7	
3	
1	
4	
	24
	36
	40
	8
	32

c) ·8 →

2	
6	
4	
10	
8	
	8
	56
	72
	24
	40

d)

·	2	4	8
6	12	24	48
8			
		12	
7			
	8		
5			
			8
			72
2			
		40	

2 Streiche falsche Ergebnisse durch.

5 · 4 =	~~10~~	20	~~12~~
5 · 8 =	32	48	40
7 · 8 =	56	64	28
9 · 4 =	14	36	12
6 · 8 =	50	40	48
3 · 4 =	12	14	16
4 · 8 =	48	32	64
6 · 4 =	20	28	24

3 Male richtige Ergebnisse an.

9 · 8 =	72	74	71
2 · 4 =	6	8	12
2 · 8 =	8	16	24
8 · 4 =	36	40	32
3 · 8 =	26	20	24
10 · 4 =	50	40	60
8 · 8 =	60	64	68
7 · 4 =	28	25	23

4 Trage die fehlenden Zahlen ein.

a)

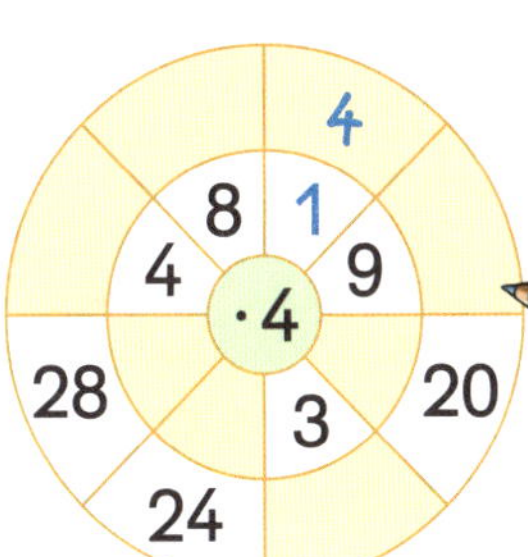

b)

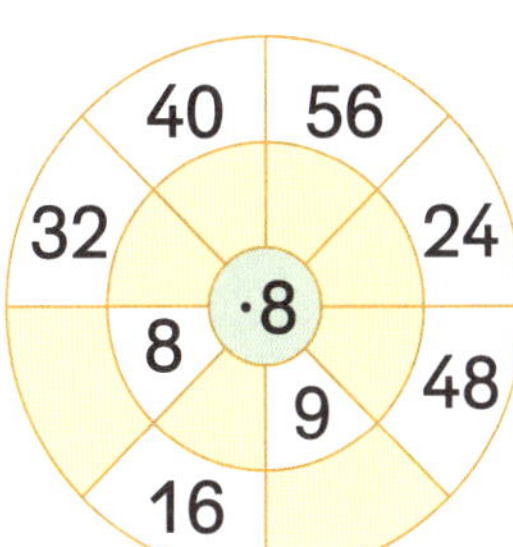

c)

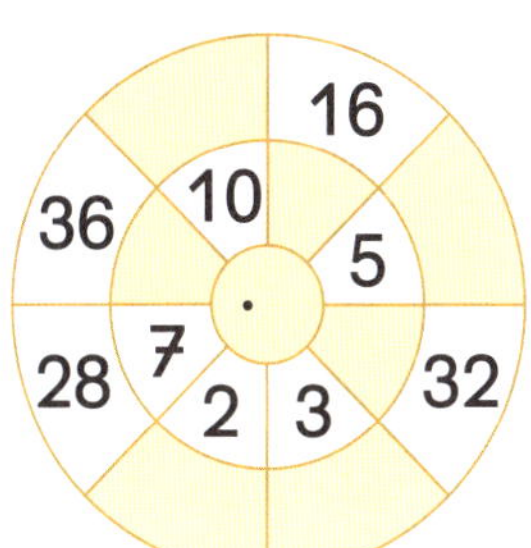

Einmaleinsaufgaben mit 3, 6 und 9 üben

1 Trage die fehlenden Zahlen ein.
Besprich mit einem anderen Kind, was dir bei d) auffällt.

a)

· 3 →	
5	15
7	
3	
1	
4	
	18
	24
	6
	30
	27

b)

· 6 →	
5	
4	
	54
	36
8	
	18
10	
	6
	42
2	

c)

· 9 →	
5	
2	
10	
	27
	36
	72
6	
	9
7	
	81

d)

·	3	6	9
3	9	18	27
6			
		12	
			45
		6	
9			
	24		
		24	
			90
7			

2 Trage die fehlenden Zahlen ein.

a)

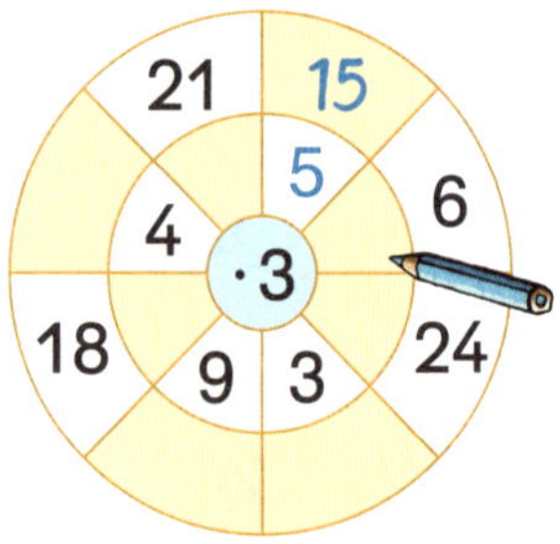

b)

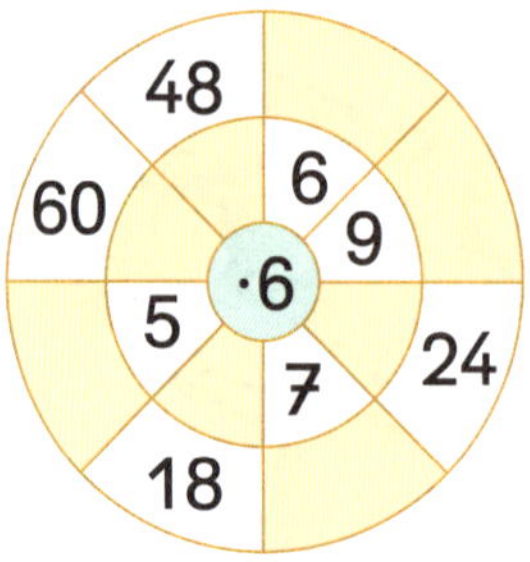

c)

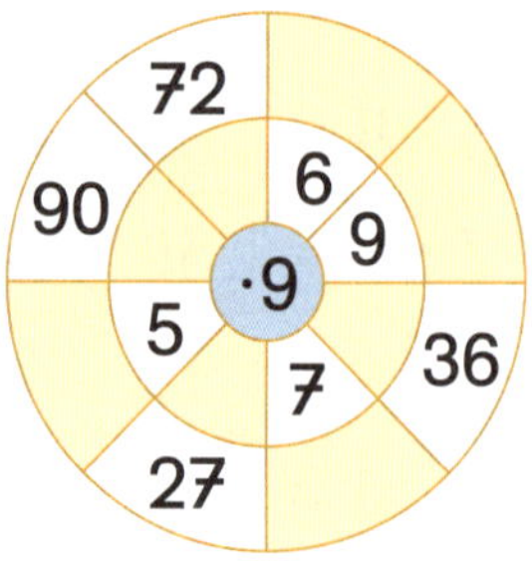

3 Verbinde die Zahlen so, dass Malaufgaben entstehen.
Schreibe die Aufgaben auf.

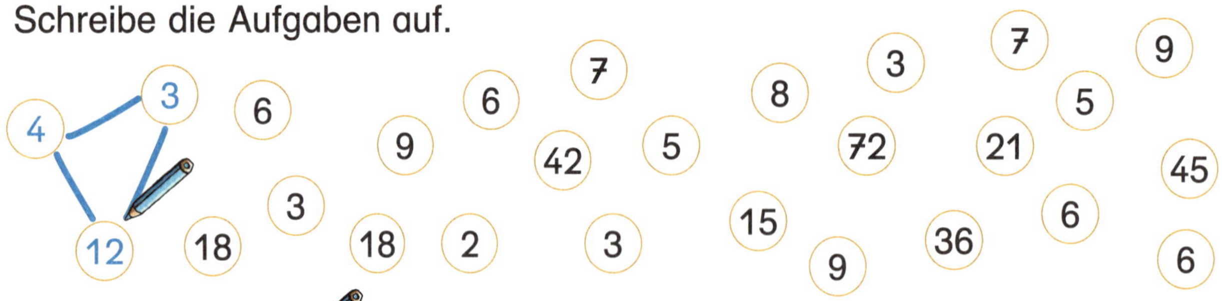

4	·	3	=	12		·		=			·		=	
	·		=			·		=			·		=	
	·		=			·		=			·		=	

Einmaleinsaufgaben mit 7 üben / Einmaleinsaufgaben üben

1 Trage die fehlenden Zahlen ein.

a)

$\cdot 7 \rightarrow$	
5	35
	42
	49
8	
4	

b)

$\cdot 7 \rightarrow$	
	21
2	
	63
1	
	70

c) 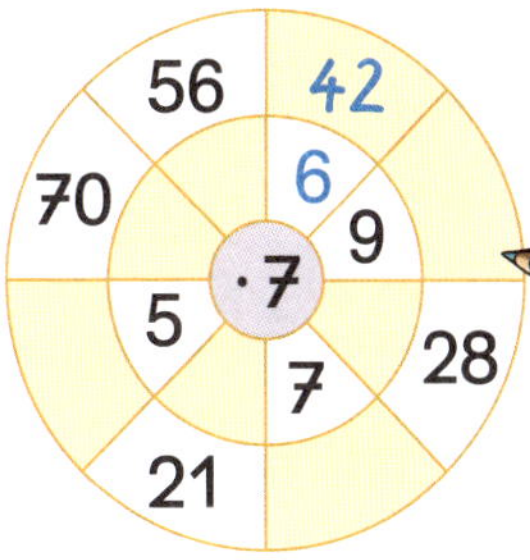

d) 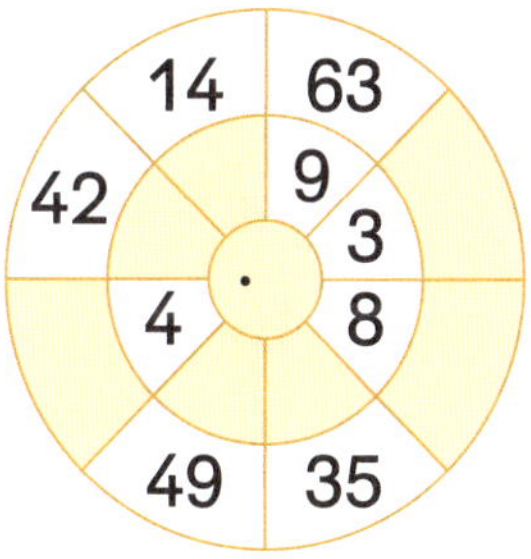

2 Male das Kästchen mit dem richtigen Ergebnis aus.

a)

6 · 7 =	40	42	49
0 · 7 =	7	10	0
8 · 7 =	56	63	64
3 · 7 =	25	21	18

b)

2 · 7 =	12	14	16
5 · 8 =	40	36	48
7 · 9 =	72	56	63
5 · 7 =	30	35	40

c)

9 · 6 =	48	56	54
4 · 7 =	30	28	34
8 · 9 =	65	72	76
7 · 7 =	49	45	52

3 Verbinde die Aufgabe mit dem richtigen Ergebnis.

9 · 4	35
8 · 4	32
7 · 3	36
5 · 7	21

4 Verbinde Aufgaben mit gleichen Ergebnissen.

3 · 6	6 · 6
9 · 4	2 · 9
3 · 8	5 · 8
4 · 10	6 · 4

5 Verbinde immer 2 Aufgaben. Setze das richtige Zeichen <, > oder = ein. Vergleiche mit einem anderen Kind.

a)

3 · 4	<	7 · 6
6 · 7		3 · 8
6 · 4		4 · 9
5 · 4		2 · 6

b)

4 · 4	3 · 10
6 · 6	2 · 10
9 · 2	3 · 6
5 · 6	2 · 8

Einmaleinsaufgaben üben

1 Löse die Aufgaben.

a)
- 6 · 8 = 48
- 9 · 2 = ___
- 3 · 10 = ___
- 2 · 6 = ___

b)
- 0 · 8 = ___
- 4 · 2 = ___
- 6 · 4 = ___
- 5 · 10 = ___

c)
- 7 · 6 = ___
- 3 · 5 = ___
- 5 · 4 = ___
- 1 · 2 = ___

d)
- 3 · 8 = ___
- 0 · 5 = ___
- 7 · 3 = ___
- 10 · 5 = ___

2 Kontrolliere die Aufgaben.
Tipp: In jedem Päckchen sind zwei Aufgaben falsch.

a)
- 3 · 6 = 18 ✓
- 6 · 5 = ~~35~~ 30
- 8 · 8 = 64 ___
- 9 · 3 = 24 ___

b)
- 4 · 7 = 28 ___
- 6 · 9 = 63 ___
- 9 · 7 = 56 ___
- 4 · 8 = 32 ___

c)
- 2 · 9 = 16 ___
- 4 · 3 = 12 ___
- 7 · 4 = 28 ___
- 8 · 9 = 81 ___

d)
- 8 · 5 = 48 ___
- 7 · 7 = 49 ___
- 4 · 9 = 45 ___
- 8 · 4 = 32 ___

3 Fülle die Rechentabellen aus.

a)

·	3	7	9	2	5
5	15				
3					
6					
9					

b)

·	4	6	1	8	10
2					
7					
8					
10					

4 Löse die Geheimschrift.

8	12	16	18	20	21	24	30	35	36	40	56	72
S	T	L	A	U	D	N	K	E	C	O	H	R

7·3	5·4		6·5	2·9	8·3	6·4	4·2	2·6
D								

4·3	8·5	2·8	4·4		8·9	5·7	6·6	7·8	3·8	7·5	4·6	
												!

Geteiltaufgaben mithilfe von Bildern lösen – Aufteilen

1 Schreibe zu jedem Bild die passende Geteiltaufgabe.

a) 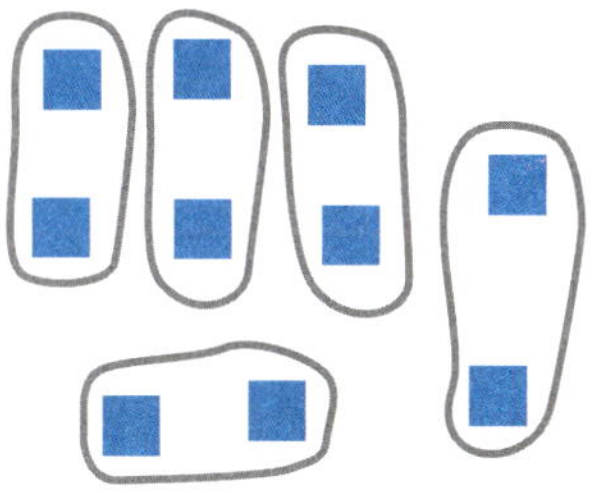

10 : 2 = 5

b) 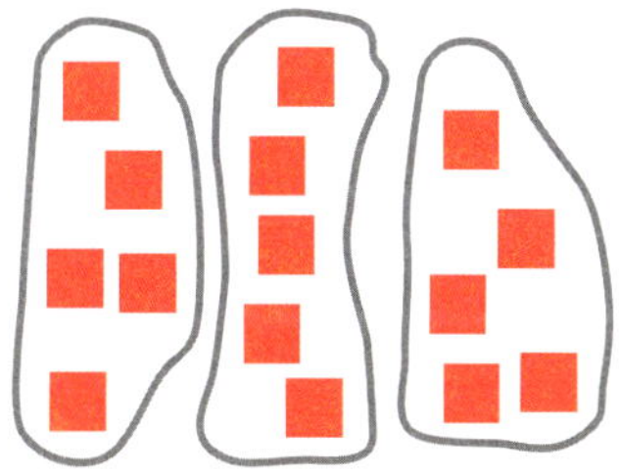

___ : ___ = ___

c) 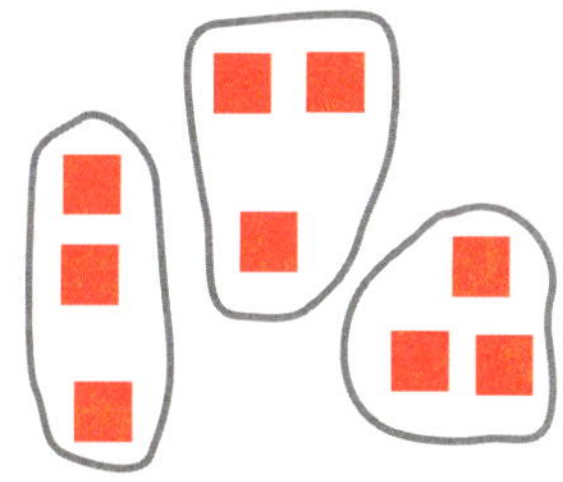

___ : ___ = ___

d) 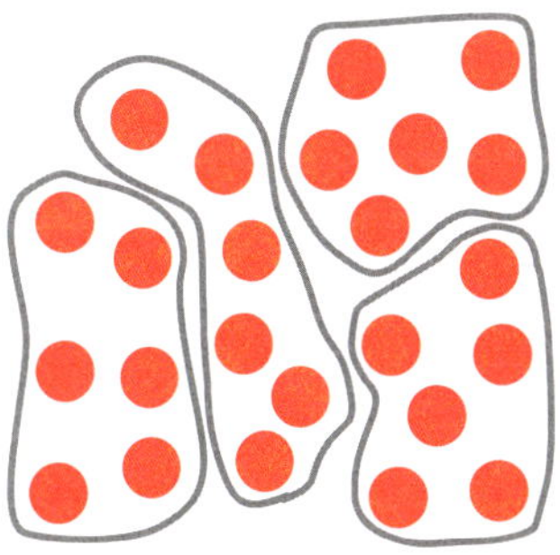

___ : ___ = ___

e) 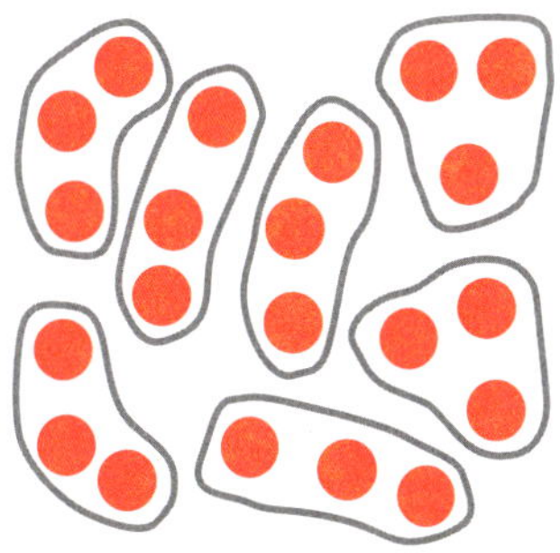

___ : ___ = ___

f) 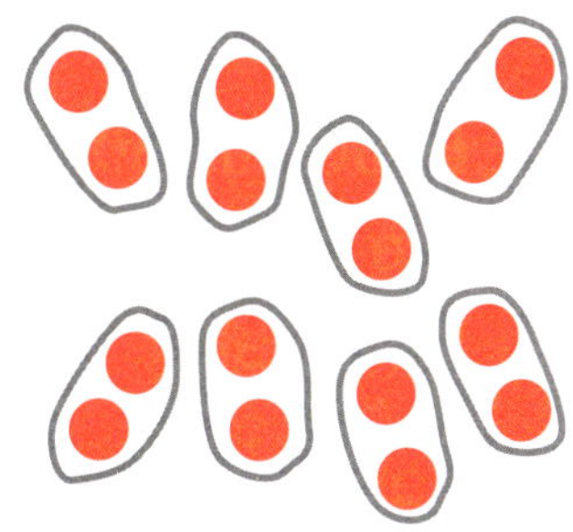

___ : ___ = ___

2 Zeichne passende Rechenbilder und löse die Aufgaben.

a) 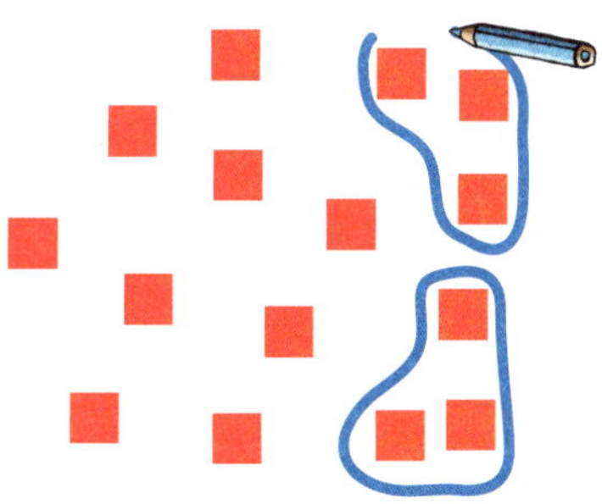

15 : 3 = ___

b) 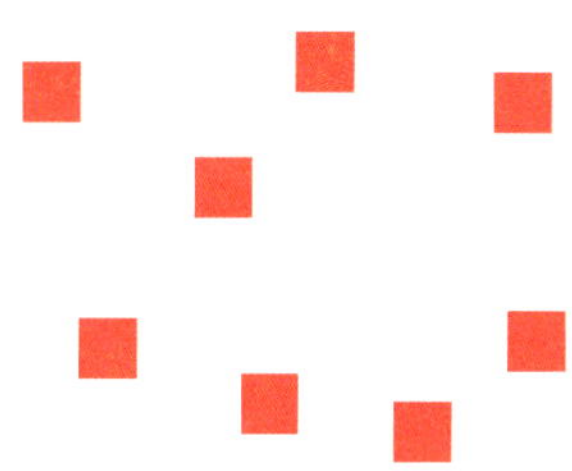

8 : 2 = ___

c) 

12 : 4 = ___

d) 

16 : 4 = ___

e) 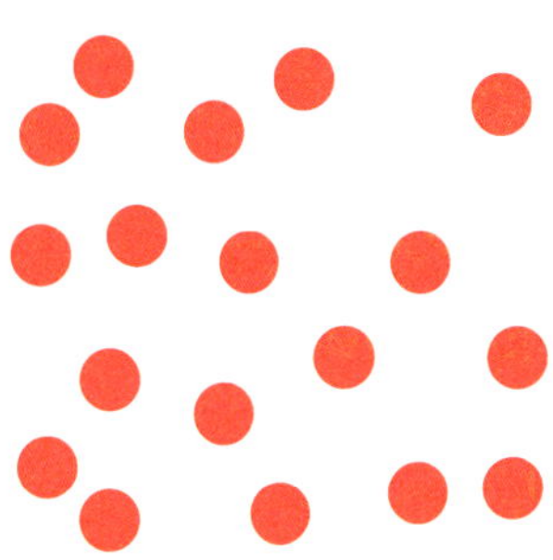

18 : 6 = ___

f) 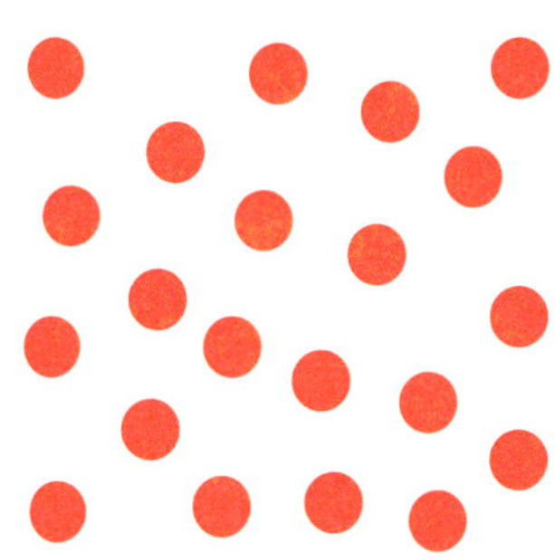

21 : 7 = ___

Handeln, zeichnen und rechnen – Verteilen

1 Verteile 15 Karten gleichmäßig an 3 Kinder.

a) Zeichne hier, wie die Karten nach dem Verteilen auf dem Tisch liegen.

b) Wie viele Karten bekommt jedes Kind?
Schreibe die passende Geteiltaufgabe auf.

2 Baue aus 30 Steckwürfeln 6 Türme. Die Türme sollen alle gleich hoch sein.

a) Zeichne die Türme hier auf.

b) Aus wie vielen Steckwürfeln besteht jeder Turm?
Schreibe die passende Geteiltaufgabe auf.

3 Baue aus 18 Steckwürfeln eine Mauer. Die Mauer besteht aus 3 Reihen.

a) Zeichne die Mauer hier auf.

b) Aus wie vielen Würfeln besteht jede Reihe?
Schreibe die passende Geteiltaufgabe auf.

4 Verteile 20 1-Euro-Münzen an 4 Kinder.

a) Zeichne, wie die Münzen nach dem Verteilen auf dem Tisch liegen.

b) Wie viele 1-Euro-Münzen bekommt jedes Kind?
Schreibe die passende Geteiltaufgabe auf.

Zu Geteiltaufgaben passende Malaufgaben finden

1 Trage die fehlenden Zahlen ein.

a)		b)		c)	
35 $\xrightarrow{:5}$ 7 ; 7 $\xrightarrow{\cdot 5}$ 35		☐ $\xrightarrow{:2}$ 7 ; 7 $\xrightarrow{\cdot 2}$ ☐		18 $\xrightarrow{:6}$ ☐ ; ☐ $\xrightarrow{\cdot 6}$ 18	
42 $\xrightarrow{:6}$ ☐ ; ☐ $\xrightarrow{\cdot 6}$ 42		☐ $\xrightarrow{:3}$ 5 ; 5 $\xrightarrow{\cdot 3}$ ☐		☐ $\xrightarrow{:9}$ 5 ; 5 $\xrightarrow{\cdot 9}$ ☐	
32 $\xrightarrow{:8}$ ☐ ; ☐ $\xrightarrow{\cdot 8}$ 32		☐ $\xrightarrow{:5}$ 8 ; 8 $\xrightarrow{\cdot 5}$ ☐		36 $\xrightarrow{:4}$ ☐ ; ☐ $\xrightarrow{\cdot 4}$ 36	

2 Verbinde Geteilt- und Malaufgaben, die zusammengehören. Löse sie.

12 : 4 = 3	28 : 7 = ☐	4 · 5 = ☐	27 : 9 = ☐
4 · 7 = ☐	20 : 5 = ☐	3 · 9 = ☐	5 · 8 = ☐
8 · 3 = ☐	3 · 4 = 12	24 : 3 = ☐	40 : 8 = ☐

3 Finde zu jeder Geteiltaufgabe die passende Malaufgabe.
Rechne beide Aufgaben aus.

a) 20 : 4 = 5
5 · 4 = 20

b) 72 : 8 = ☐
☐ · ☐ = ☐

c) 42 : 7 = ☐
☐ · ☐ = ☐

d) 27 : 3 = ☐
☐ · ☐ = ☐

e) 63 : 9 = ☐
☐ · ☐ = ☐

f) 30 : 6 = ☐
☐ · ☐ = ☐

4 Schreibe zu 3 Zahlen jeweils 4 Aufgaben.

a) 4 6 24

4 · 6 = 24
24 : 6 = 4
6 · 4 = 24
24 : 4 = 6

b) 7 8 56

c) 9 5 45

Geteiltaufgaben lösen und kontrollieren

1 Löse die Geteiltaufgaben.
Kontrolliere deine Ergebnisse mit der Umkehraufgabe.

a)
5 : 5 = 1, denn 1 · 5 = 5
70 : 10 = ☐, denn ____
8 : 1 = ☐, denn ____
40 : 5 = ☐, denn ____
90 : 10 = ☐, denn ____
6 : 1 = ☐, denn ____
35 : 5 = ☐, denn ____
60 : 10 = ☐, denn ____
3 : 1 = ☐, denn ____
25 : 5 = ☐, denn ____

b)
16 : 2 = ☐, denn ____
24 : 4 = ☐, denn ____
40 : 8 = ☐, denn ____
16 : 4 = ☐, denn ____
12 : 2 = ☐, denn ____
56 : 8 = ☐, denn ____
10 : 2 = ☐, denn ____
12 : 4 = ☐, denn ____
64 : 8 = ☐, denn ____
36 : 4 = ☐, denn ____

c)
18 : 3 = ☐, denn ____
24 : 6 = ☐, denn ____
54 : 9 = ☐, denn ____
48 : 6 = ☐, denn ____
27 : 3 = ☐, denn ____
18 : 9 = ☐, denn ____
54 : 6 = ☐, denn ____
81 : 9 = ☐, denn ____
30 : 3 = ☐, denn ____
72 : 9 = ☐, denn ____

d)
35 : 7 = ☐, denn ____
15 : 5 = ☐, denn ____
21 : 7 = ☐, denn ____
42 : 6 = ☐, denn ____
63 : 7 = ☐, denn ____
32 : 8 = ☐, denn ____
49 : 7 = ☐, denn ____
32 : 4 = ☐, denn ____
56 : 7 = ☐, denn ____
36 : 9 = ☐, denn ____

1 Male die Aufgaben und ihre Ergebnisse jeweils in der gleichen Farbe aus.

21 : 3 | 42 : 6 | 54 : 6 | 72 : 8 | 32 : 8 | 36 : 4 | 21 : 7 | 35 : 5 | 80 : 10 | 27 : 3 | 50 : 10 | 48 : 6

9 | 8 | 7 | 9 | 3 | 5 | 7 | 4 | 9 | 8 | 7 | 9

2 Verbinde so, dass sich richtige Aufgaben ergeben.

a)

35	: 4	= 9
80	: 5	= 8
24	: 2	= 6
18	:10	= 7

b)

14	: 4	= 9
32	: 5	= 7
45	:10	= 8
60	: 2	= 6

3 Streiche die falschen Ergebnisse durch.

a)

15 : 5 =	~~2~~	~~10~~	3
80 : 10 =	10	8	6
30 : 5 =	6	4	8
20 : 10 =	2	1	5
45 : 5 =	5	9	7
90 : 10 =	10	8	9

b)

28 : 4 =	9	7	5
16 : 2 =	6	4	8
32 : 4 =	2	8	10
8 : 2 =	2	4	8
40 : 4 =	10	5	8
18 : 2 =	7	9	8

c)

27 : 3 =	9	6	7
54 : 6 =	4	9	6
24 : 6 =	3	5	4
18 : 3 =	7	6	4
21 : 3 =	7	8	9
42 : 6 =	9	7	8

4 Male das Kästchen mit dem richtigen Ergebnis aus.

a)

49 : 7 =	7	6	9
64 : 8 =	6	8	9
72 : 8 =	7	6	9
36 : 9 =	4	6	8

b)

32 : 8 =	6	8	4
27 : 9 =	5	3	4
42 : 7 =	8	6	7
40 : 8 =	5	4	6

c)

45 : 9 =	4	5	8
28 : 7 =	4	3	6
24 : 8 =	3	6	4
63 : 7 =	8	9	7

Geteiltaufgaben mit Rest mithilfe von Bildern lösen

1 Zeichne die Bilder fertig und löse die Aufgaben.

a) 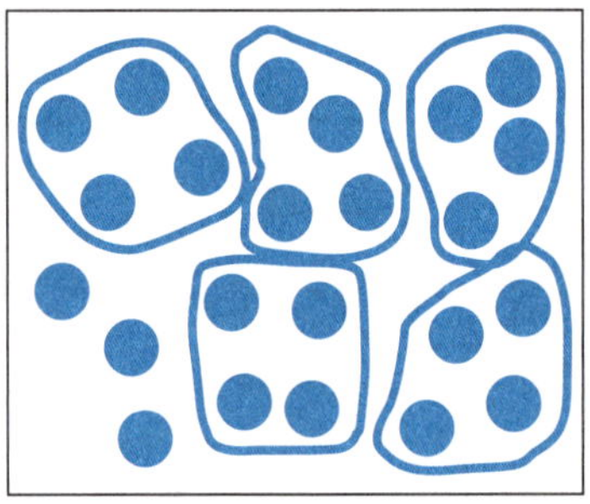

23 : 4 = 5 Rest 3

b) 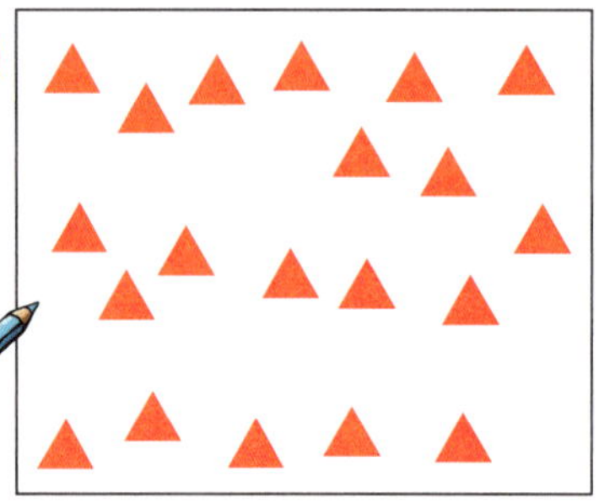

20 : 6 = ☐ Rest ☐

c) 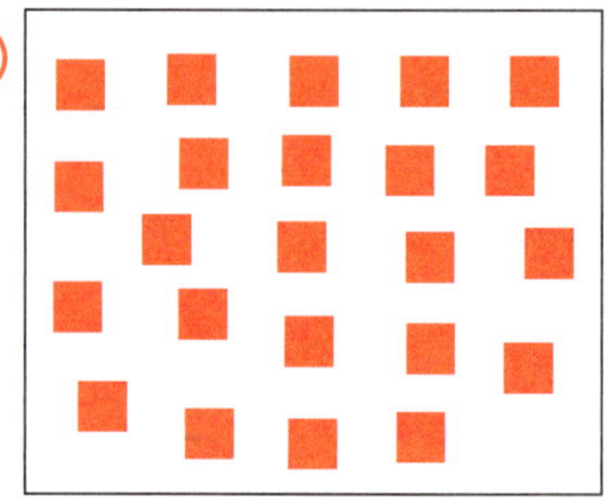

23 : 3 = ☐ Rest ☐

d) 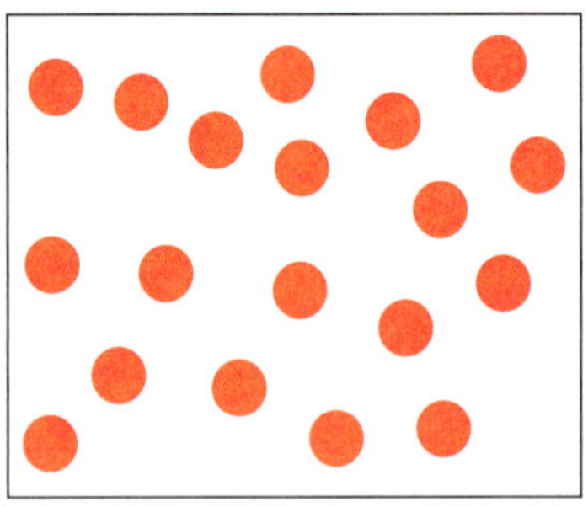

19 : 2 = ☐ Rest ☐

e) 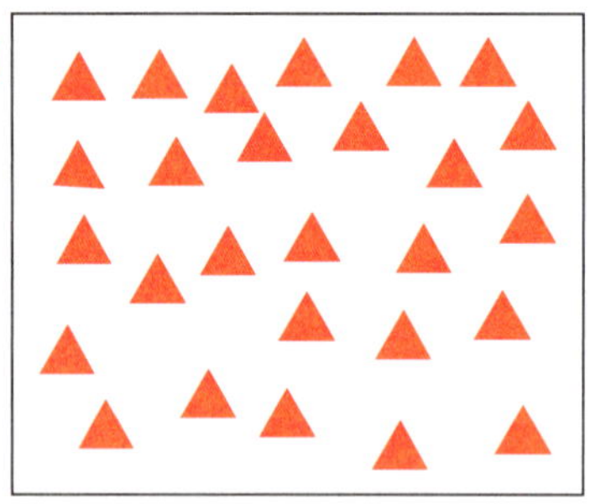

27 : 5 = ☐ Rest ☐

f) 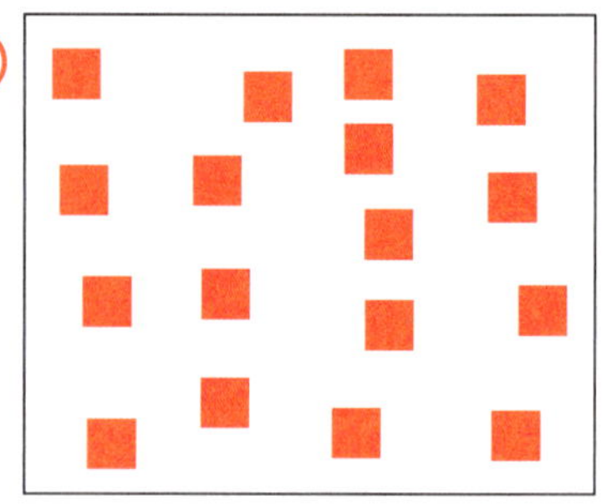

17 : 7 = ☐ Rest ☐

2 Finde zu jeder Geteiltaufgabe die passende Malaufgabe.
Male beide Aufgaben in der gleichen Farbe aus.

15 : 2 = 7 Rest 1

17 : 4 = 4 Rest 1

29 : 3 = 9 Rest 2

44 : 10 = 4 Rest 4

20 : 6 = 3 Rest 2

23 : 5 = 4 Rest 3

26 : 8 = 3 Rest 2

7 · 2 + 1 = 15

42 : 5 = 8 Rest 2

4 · 5 + 3 = 23

3 · 6 + 2 = 20

8 · 5 + 2 = 42

4 · 10 + 4 = 44

9 · 3 + 2 = 29

3 · 8 + 2 = 26

4 · 4 + 1 = 17

Geteiltaufgaben mit Rest lösen

1 Schreibe unter jede Geteiltaufgabe weitere Aufgaben, die eine Lösung mit Rest haben.

a) 14 : 7 = 2
15 : 7 = 2 Rest 1
16 : 7 = ☐ Rest ☐
☐ : 7 = ☐ Rest ☐
☐ : 7 = ☐ Rest ☐

b) 20 : 5 = ☐
☐ : 5 = ☐ Rest ☐
☐ : 5 = ☐ Rest ☐
☐ : 5 = ☐ Rest ☐
☐ : 5 = ☐ Rest ☐

c) 32 : 8 = ☐
☐ : 8 = ☐ Rest ☐
☐ : 8 = ☐ Rest ☐
☐ : 8 = ☐ Rest ☐
☐ : 8 = ☐ Rest ☐

d) 27 : 9 = ☐
☐ : 9 = ☐ Rest ☐
☐ : 9 = ☐ Rest ☐
☐ : 9 = ☐ Rest ☐
☐ : 9 = ☐ Rest ☐

2 Überlege: Welche Zahlen können als Reste vorkommen bei :4, :5, :6?

3 Löse immer zuerst die obere Aufgabe. Trage die Ergebnisse ein.

a) 16 : 4 = 4
19 : 4 = 4 Rest 3

b) 20 : 5 = ☐
23 : 5 = ☐ Rest ☐

c) 18 : 2 = ☐
19 : 2 = ☐ Rest ☐

d) 21 : 3 = ☐
23 : 3 = ☐ Rest ☐

e) 25 : 5 = ☐
27 : 5 = ☐ Rest ☐

f) 18 : 6 = ☐
20 : 6 = ☐ Rest ☐

g) 24 : 8 = ☐
28 : 8 = ☐ Rest ☐

h) 30 : 10 = ☐
34 : 10 = ☐ Rest ☐

i) 12 : 3 = ☐
14 : 3 = ☐ Rest ☐

k) 30 : 6 = ☐
34 : 6 = ☐ Rest ☐

l) 40 : 8 = ☐
43 : 8 = ☐ Rest ☐

m) 15 : 3 = ☐
17 : 3 = ☐ Rest ☐

n) 35 : 5 = ☐
38 : 5 = ☐ Rest ☐

o) 32 : 4 = ☐
34 : 4 = ☐ Rest ☐

p) 21 : 7 = ☐
25 : 7 = ☐ Rest ☐

Zu Rechengeschichten Punktebilder und Aufgaben finden

1 Zeichne zu jeder Rechengeschichte ein Punktebild und schreibe die Aufgabe dazu. Schreibe einen passenden Antwortsatz.

a) Auf dem Parkplatz stehen Autos in Fünferreihen. 3 Reihen sind voll besetzt.

F: Wie viele Autos parken auf dem Parkplatz?

R: $3 \cdot 5 = 15$

A: Auf dem Parkplatz parken 15 Autos.

b) Auf einem Parkplatz parken 24 Autos in 4 Reihen. In jeder Reihe stehen gleich viele Autos.

F: Wie viele Autos stehen in jeder Reihe?

R: ______

A: ______

c) Auf einem Parkplatz stehen 42 Autos in Sechserreihen.

F: Wie viele Reihen sind besetzt?

R: ______

A: ______

d) Auf einem Parkplatz parken Autos in 5 Reihen. In jeder Reihe stehen 6 Autos.

F: Wie viele Autos parken dort?

R: ______

A: ______

Rechtecke, Quadrate, Dreiecke und Kreise erkennen

1 Löse die Figurenrätsel.

2 Schreibe selbst ein Figurenrätsel.
Bitte ein anderes Kind, das Rätsel zu lösen.

3 Male aus: Kreise rot, Dreiecke blau, Quadrate gelb, Rechtecke grün.

4 Male selbst ein Gebäude, ein Fahrzeug oder etwas anderes aus Quadraten, Rechtecken, Dreiecken und Kreisen.

Flächen von Quadraten und Rechtecken zerlegen

1 Zerlege das Quadrat auf verschiedene Weise in zwei gleich große Flächen.

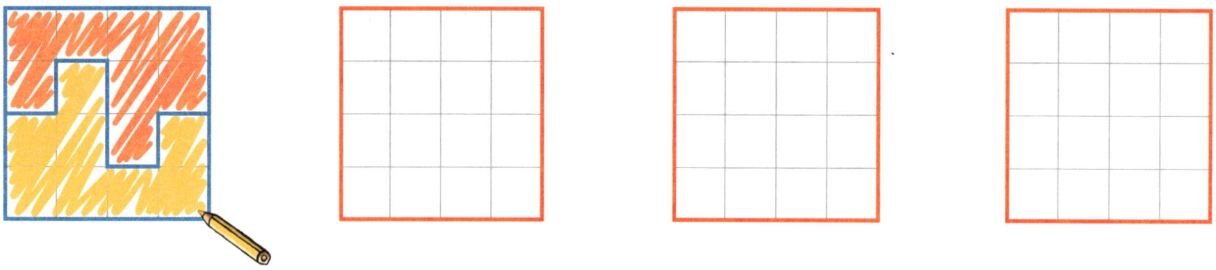

2 Zerlege das Rechteck auf verschiedene Weise in zwei gleich große Flächen.

3 Zeichne ein Rechteck, das den gleichen Flächeninhalt hat wie die vorgegebene Figur.

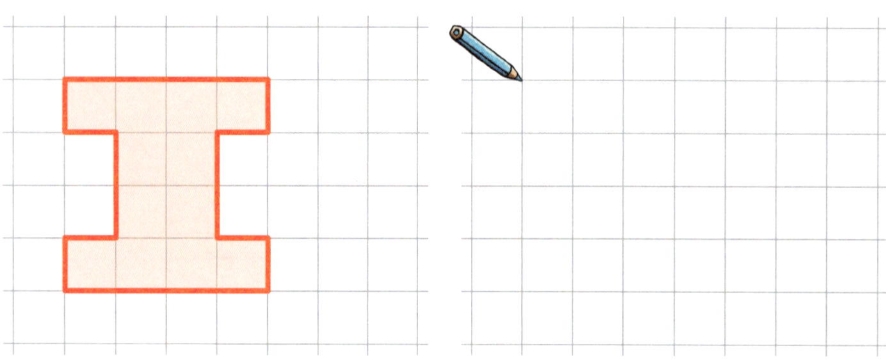

4 Zeichne ein Quadrat, das den gleichen Flächeninhalt hat wie die vorgegebene Figur.

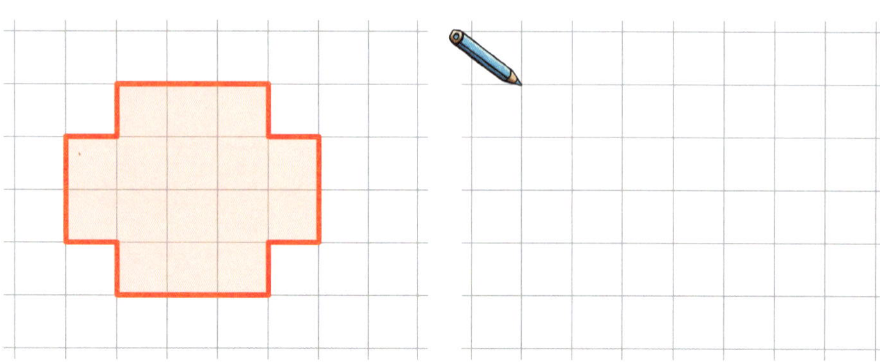

Plusaufgaben am Rechenstrich in Schritten lösen

1 Rechne mit deinem Rechenweg.
Zeichne deine beiden Rechenschritte ein.

a)
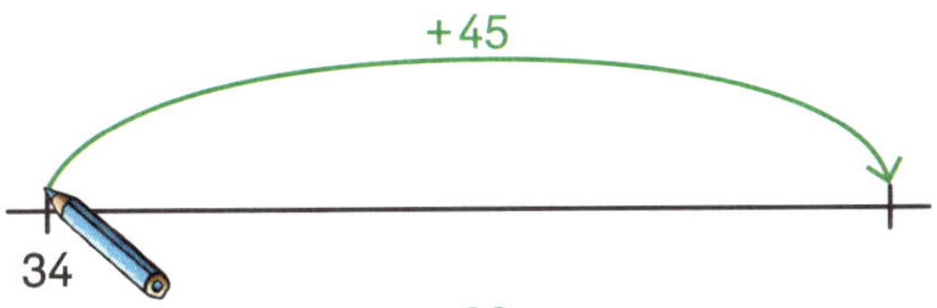

b)
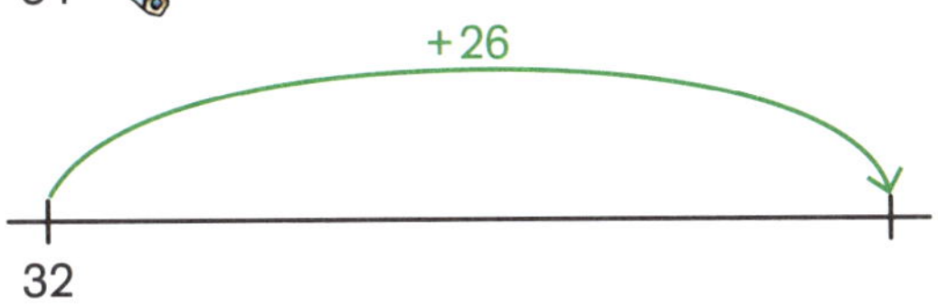

c)
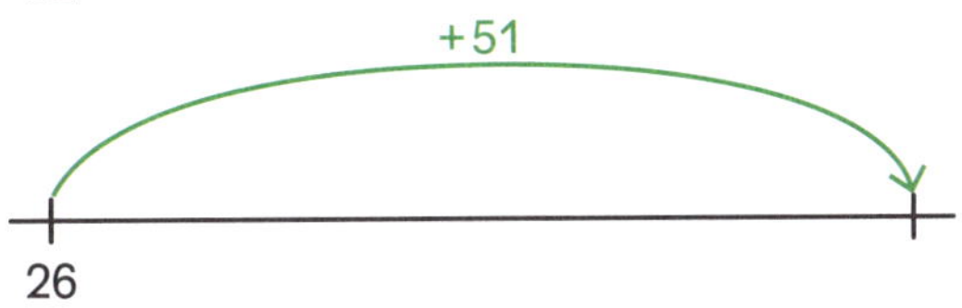

d)
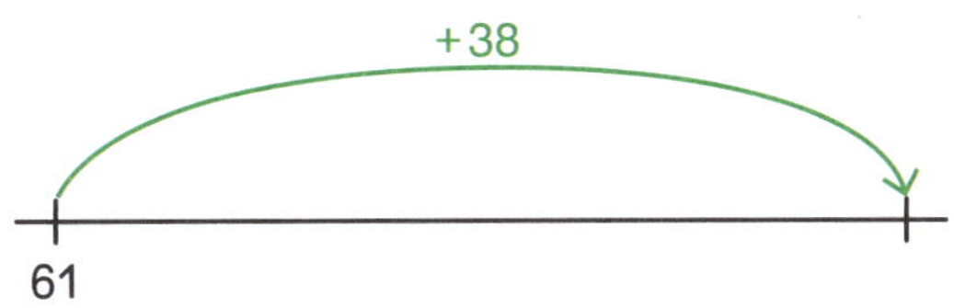

2 Rechne mit deinem Rechenweg. Schreibe deine Rechenschritte auf.
Du kannst auch zuerst am Rechenstrich zeichnen.

a) 25 + 43 = ___
___ + ___ = ___
___ + ___ = ___

b) 52 + 36 = ___
___ + ___ = ___
___ + ___ = ___

c) 43 + 34 = ___
___ + ___ = ___
___ + ___ = ___

3 Rechne im Kopf. Trage nur die Ergebnisse ein.

a)	b)	c)	d)
61 + 28 = 89	42 + 23 = ___	56 + 33 = ___	71 + 23 = ___
34 + 35 = ___	71 + 17 = ___	34 + 22 = ___	41 + 58 = ___
56 + 41 = ___	25 + 52 = ___	62 + 16 = ___	13 + 62 = ___

Plusaufgaben üben

1 Ergänze die Zahlenmauern.

	64		
	___	___	
___	___	15	
6	9	8	7

	88		
	___	___	
___	___	___	
28	5	6	27

	92		
	___	___	
___	___	___	
15	6	17	8

	90		
	___	___	
___	___	15	
0	19	9	___

	85		
	___	___	
16	___	___	
___	7	9	28

	___		
	___	___	
___	18	16	
39	___	9	___

2 Schreibe alle möglichen Plusaufgaben auf und löse sie.

17, 38, 46 + 25, 53, 27

17 + 25 = 42

___ + ___ = ___

___ + ___ = ___

___ + ___ = ___

___ + ___ = ___

___ + ___ = ___

___ + ___ = ___

___ + ___ = ___

___ + ___ = ___

3 Rechne und bilde selbst solche Aufgabenpaare.
Besprich deine Überlegungen mit einem anderen Kind.

a) 45 + 38 = 83
48 + 35 = 83

b) 26 + 47 = ___
27 + 46 = ___

c) 52 + 39 = ___
___ + ___ = ___

d) 16 + 47 = ___
___ + ___ = ___

e) ___ + ___ = ___
___ + ___ = ___

f) ___ + ___ = ___
___ + ___ = ___

Minusaufgaben am Rechenstrich in Schritten lösen

1 Rechne mit deinem Rechenweg.
Zeichne deine beiden Rechenschritte ein.

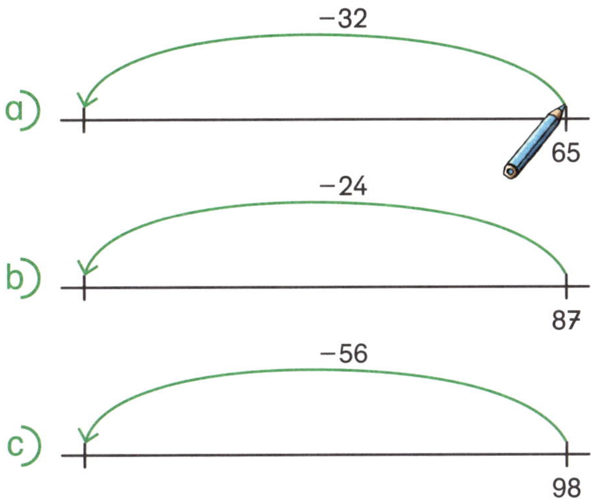

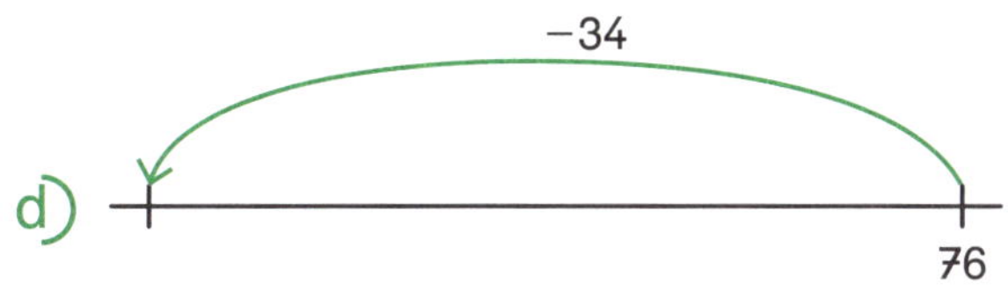

2 Rechne mit deinem Rechenweg. Schreibe deine Rechenschritte auf.
Du kannst auch zuerst am Rechenstrich zeichnen.

a) 95 − 31 = ___
___ − ___ = ___
___ − ___ = ___

b) 54 − 22 = ___
___ − ___ = ___
___ − ___ = ___

c) 56 − 34 = ___
___ − ___ = ___
___ − ___ = ___

3 Rechne im Kopf. Trage nur die Ergebnisse ein.

a)	b)	c)	d)
75 − 42 = 33	48 − 23 = ___	56 − 23 = ___	75 − 33 = ___
38 − 24 = ___	69 − 17 = ___	94 − 62 = ___	49 − 18 = ___
56 − 31 = ___	97 − 52 = ___	66 − 41 = ___	88 − 72 = ___

Minusaufgaben üben

1 Löse die Aufgaben.
Richtige Ergebnisse findest du in den Sternen.

a)		b)		c)	
32 – 16 =	16	73 – 25 =		94 – 68 =	
56 – 29 =		45 – 38 =		55 – 49 =	
91 – 45 =		62 – 34 =		76 – 58 =	
84 – 37 =		81 – 57 =		43 – 17 =	
42 – 28 =		56 – 39 =		62 – 26 =	

46 7 26 26 14 ~~16~~ 18 27 17 47 28 48 24 6 36

2 Schreibe alle möglichen Minusaufgaben auf und löse sie.

45 18
34 – 21
23 17

45 – 18 =			–	=	
–	=		–	=	
–	=		–	=	
–	=		–	=	
–	=				

3 Ergänze die Zahlenmauern.

55	100	90
28, 27	53, _	_, 66
13, _, _	24, _, _	_, _, 47
5, _, _, _	7, _, _, _	_, _, _, 29

92	84	91
56, _	_, 36	_, 67
_, 28, _	_, 19, _	6, _, _
_, _, 6, _	18, _, _, _	_, _, _, 37

Plus- und Minusaufgaben lösen, Ergebnisse überprüfen

1 Löse die Aufgaben. Überprüfe mit der Überschlagsrechnung, ob dein Ergebnis stimmen kann.

a) 27 + 34 = 61
30 + 30 = 60

b) 48 + 24 = ___
___ + ___ = ___

c) 69 + 27 = ___
___ + ___ = ___

d) 24 + 49 = ___
___ + ___ = ___

e) 76 − 28 = ___
___ − ___ = ___

f) 81 − 37 = ___
___ − ___ = ___

g) 93 − 29 = ___
___ − ___ = ___

2 Rechne die Überschlagsrechnung im Kopf.
Finde so schnell die falschen Ergebnisse. Streiche diese durch.
Tipp: In jedem Päckchen sind zwei Aufgaben falsch.

a)	b)	c)	d)
23 + 49 = 72	53 + 38 = 91	72 − 24 = 48	92 − 48 = 34
34 + 58 = ~~82~~	37 + 44 = 81	85 − 56 = 39	53 − 34 = 19
37 + 54 = 91	68 + 24 = 82	67 − 28 = 39	81 − 53 = 28
48 + 33 = 71	49 + 32 = 91	93 − 49 = 54	62 − 39 = 33

3 Löse die Aufgaben. Überprüfe die Ergebnisse genau.
Bilde dazu die Umkehraufgaben.

a) 35 + 17 = 52, denn 52 − 17 = 35
28 + 34 = ___, denn ___
53 + 18 = ___, denn ___
68 + 25 = ___, denn ___

b) 49 + 16 = ___, denn ___
38 + 45 = ___, denn ___
56 + 27 = ___, denn ___
25 + 29 = ___, denn ___

c) 72 − 36 = ___, denn ___
51 − 17 = ___, denn ___
83 − 25 = ___, denn ___
94 − 28 = ___, denn ___

d) 65 − 27 = ___, denn ___
42 − 18 = ___, denn ___
93 − 56 = ___, denn ___
71 − 32 = ___, denn ___

Zu Rechengeschichten die passende Rechnung finden

1 Ordne den Rechengeschichten (+) oder (−) zu.
Finde passende Plus- und Minusaufgaben.

a) Mai-Lin hat 28 Tierpostkarten.
Sie bekommt von Meral noch 13 geschenkt. (+) 28 + 13 = 41

b) Tim hat 31 Tierpostkarten. Er schenkt Paul 5 davon. ( ) ____

c) Janek hat 21 Tierpostkarten. Ole hat 12 weniger. ( ) ____

d) Anne hat 15 Tierpostkarten mehr als Lea.
Lea hat 18 Tierpostkarten. ( ) ____

e) Maja hat ihre Tierpostkarten in zwei Brief-
umschläge verpackt. In einem Umschlag
sind 14 Postkarten, im anderen 22. ( ) ____

2 Ordne den Rechengeschichten (·) oder (:) zu.
Finde passende Mal- und Geteiltaufgaben.

a) Janek hat seine Postkarten sortiert.
Er hat 3 Stapel mit je 7 Postkarten. (·) 3 · 7 = 21

b) Paul hat 8 Postkarten doppelt.
Diese verteilt er an 2 Freunde. ( ) ____

c) Tom hat 20 Tierpostkarten.
Er verpackt immer 5 in einen Briefumschlag. ( ) ____

d) Sofie klebt ihre Tierpostkarten in ein Heft ein.
Auf jede Seite klebt sie 4 Karten.
7 Seiten sind schon voll. ( ) ____

Rechengeschichte, Rechnung und Antwort zuordnen

1 Ordne Rechengeschichte, Rechnung und Antwort passend zu.

Tim, Meral und Anne haben zusammen 27 Luftballons. Jeder hat gleich viele.	27 + 3 = ☐	Jeder hat ☐ Luftballons.
27 Kinder möchten beim Sackhüpfen mitmachen. 3 Kinder kommen noch dazu.	27 : 3 = 9	Jetzt möchten ☐ Kinder mitmachen.
Die 27 Kinder können an 9 Tischen basteln.	27 + 3 = ☐	Paul bringt ☐ Muffins mit.
Lea bringt 27 Muffins für den Kuchenstand mit. Paul hat noch 3 Muffins mehr dabei.	27 : 9 = ☐	An jedem Tisch können ☐ Kinder basteln.
Sofie hat den Kuchenstand mit 27 Luftballons geschmückt. 9 davon sind schon geplatzt.	27 – 9 = ☐	Es sind ☐ Kinder.
Für den Staffellauf werden die Kinder in 9 Gruppen aufgeteilt. In jeder Gruppe sind 3 Kinder.	9 · 3 = ☐	Sie bringt ☐ Flaschen mit.
Janeks Mutter bringt 3 Kisten mit Getränken. In jeder Kiste sind 9 Flaschen.	3 · 9 = ☐	Es hängen noch ☐ Luftballons.

Informationen in einer Tabelle darstellen

1 Stelle die Informationen in der Tabelle dar.

a) Trage die Umfrageergebnisse in die Tabelle ein.
Fülle die Spalten für die Klassen 1 a und 2 a aus.

Haustier	Klasse 1 a	Klasse 2 a	gesamt
Hund	5		
Katze			
Hamster			
Meerschweinchen			
Vogel			
kein Haustier			

b) Berechne die fehlenden Zahlen für die Spalte „gesamt“ und trage sie ein.

2 Die Tabelle enthält viele Informationen.
Schreibe in Sätzen auf, was du ablesen kannst.
Besprich deine Ergebnisse mit einem anderen Kind.

Insgesamt haben 11 Kinder einen Hund.

Körper im Alltag entdecken

1 Finde in dem Bild Gegenstände, die ähnliche Formen wie Quader, Würfel, Kugel und Zylinder haben. Verbinde mit der passenden Farbe.

Würfel	Quader	Kugel	Zylinder

Würfel	Quader	Kugel	Zylinder

Verschiedene Ansichten von Bauwerken erkennen

Bauwerk A

Bauwerk B

Bauwerk C

1 Bestimme die Anzahl der Einzelwürfel.

Bauwerk A ☐ Bauwerk B ☐ Bauwerk C ☐

2 Ordne die Baupläne den Bauwerken zu. Ergänze den fehlenden Bauplan.

3	4	3
3	2	3
1	1	1

Bauwerk ___

4	4	4
3	3	3
2	2	2

Bauwerk ___

Bauwerk ___

3 Ordne die Ansichten den Bauwerken zu.

von oben

von vorne

von rechts

Bauwerk A   Bauwerk B   Bauwerk C

von links

von hinten

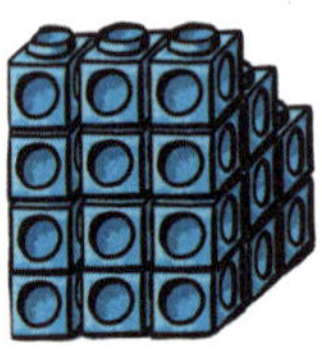

von unten

Würfel und Quader zusammensetzen

1 Verbinde jeweils zwei Teile, die zusammengesetzt einen Würfel ergeben.

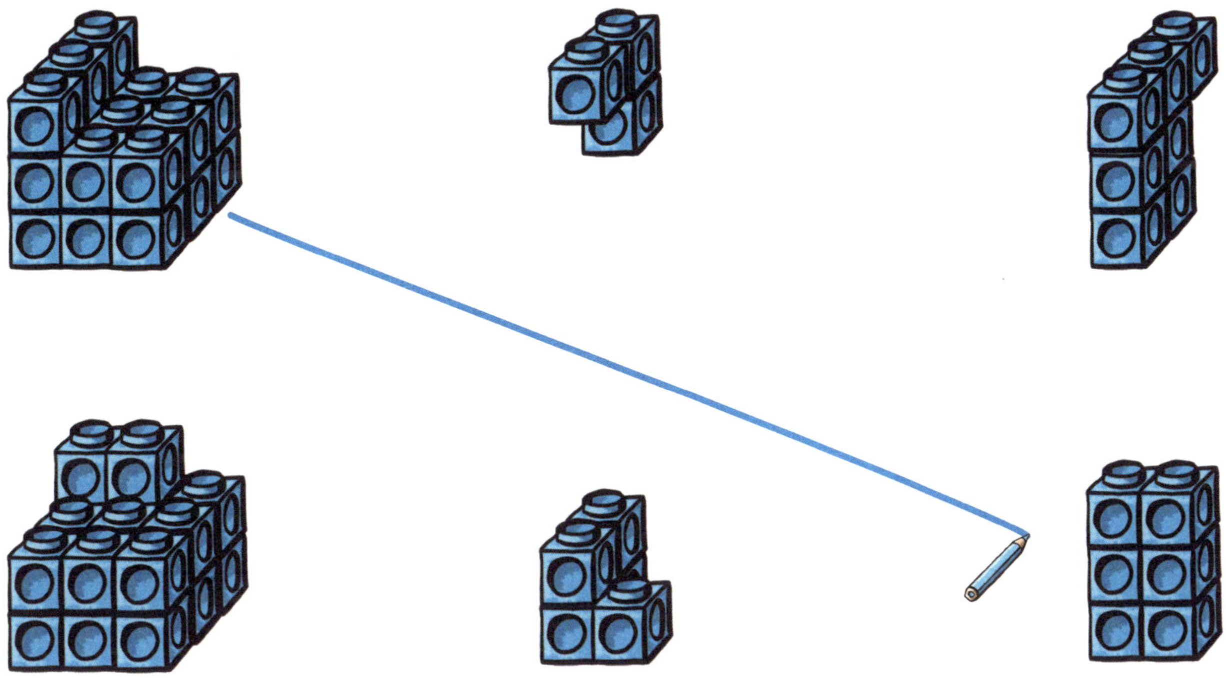

2 Verbinde jeweils zwei Teile, die zusammengesetzt einen Quader ergeben.

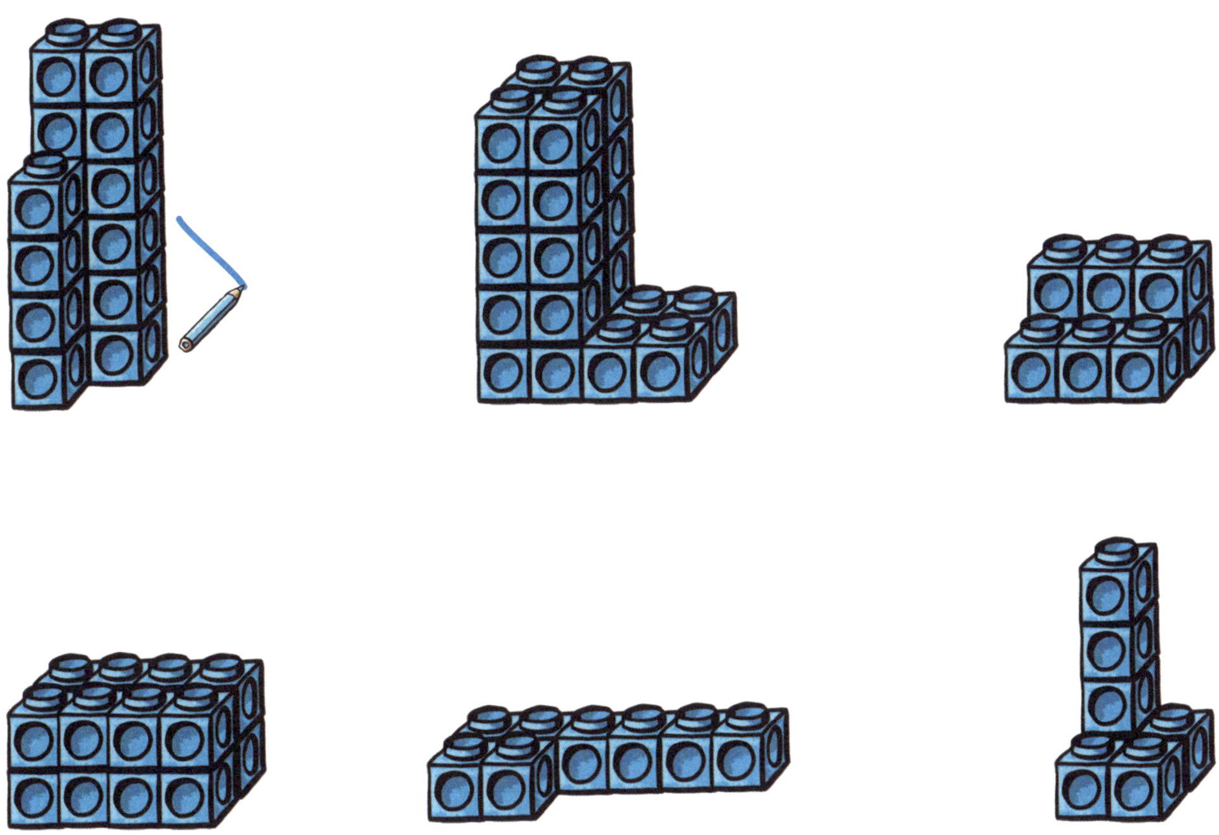

Geldbeträge ermitteln und zusammenstellen

1 Ermittle in jeder Zeile den Gesamtbetrag.

50 €	20 €	10 €	5 €	2 €	1 €	50 ct	20 ct	10 ct	5 ct	Gesamtbetrag
1	–	1	2	–	–	–	–	–	–	70 €
–	3	2	–	–	–	–	–	–	–	
1	1	–	4	–	–	–	–	–	–	
–	1	1	1	1	1	–	–	–	–	
1	1	–	2	2	1	–	–	–	–	
–	2	1	2	3	1	1	–	–	–	
1	–	1	1	1	1	1	1	–	–	
–	2	1	2	3	1	2	1	1	–	
–	–	1	4	2	2	2	3	–	1	

2 Lege mit Rechengeld auf zwei verschiedene Arten, wie du die Kleidungsstücke bezahlen kannst. Trage deine gefundenen Möglichkeiten ein.

	50 €	20 €	10 €	5 €	2 €	1 €	50 ct	20 ct	10 ct	5 ct
	1	2	-	-	1	2	-	-	-	-

Einkaufsgeschichten lösen und selbst schreiben

1 Ergänze die Tabellen.

a)

Ich kaufe	Ich muss bezahlen
Dino und Puppe	39 Euro

b)

Ich möchte kaufen	Preis	Ich habe	Ich muss noch sparen
Teddy	15 Euro	14 Euro	1 Euro
Ritterburg		14 Euro	
Auto-Rennbahn		14 Euro	
Bagger		14 Euro	

c)

Ich kaufe	Preis	Ich gebe	Ich bekomme zurück
Spiele-Sammlung	26 Euro	50 Euro	24 Euro
Lego		50 Euro	
Dino		50 Euro	
Elefant		50 Euro	
Fußball		50 Euro	

Im Zooladen einkaufen

Meerschweinchen	
Käfig:	32 €
Haus:	9 €
Tränke:	4 €
Bürste:	2 €
Krallenschere:	2 €
Futter, klein:	2 €
Futter, groß:	3 €

Katze	
Katzentoilette:	14 €
Katzenstreu:	5 €
Katzenkorb:	18 €
Kratzbaum:	45 €
Trockenfutter, klein:	3 €
Trockenfutter, groß:	7 €
Dose Nassfutter:	1 €

Hund	
Hundekorb:	24 €
Transportkorb:	26 €
Halsband:	17 €
Hundespielzeug:	6 €
Trockenfutter, klein:	8 €
Trockenfutter, groß:	26 €
Dose Nassfutter:	1 €

1 Stelle Fragen, rechne und antworte.

a) Patrick hat 60 €. Er möchte für seine Meerschweinchen einen Käfig, ein Haus und eine Tränke kaufen.

F: ______

R: ______

A: ______

b) Sofie möchte für ihre Katze Futter kaufen. Sie hat dafür 55 €.

F: ______

R: ______

A: ______

______

2 Was würdest du für deinen Hund kaufen, wenn du dafür 40 € hast? Rechne und antworte.

______

______

______

3 Ist es möglich, dass Lisa für ihre Katze für 18 € eine Katzentoilette und Katzenstreu kauft?

______

______

4 Die Kinder deiner Klasse wollen für ihre Meerschweinchen Futter kaufen. Besprich mit einem anderen Kind, ob 40 € dafür reichen.

Uhrzeiger einzeichnen

1 Zeichne den Minutenzeiger ein.

a) 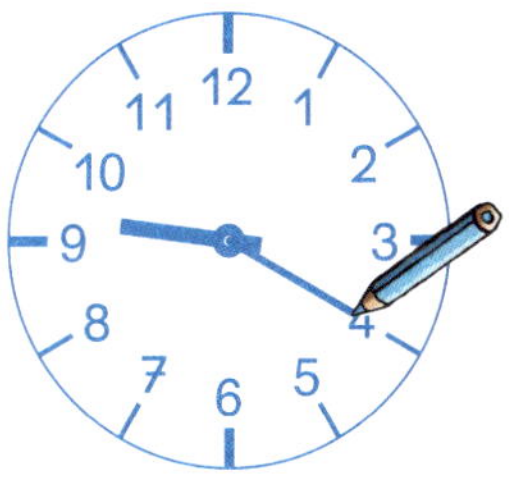
9.20 Uhr

b) 
14.35 Uhr

c) 
18.05 Uhr

d) 
6.40 Uhr

e) 
15.48 Uhr

f) 
12.22 Uhr

g) 
1.14 Uhr

h) 
23.06 Uhr

2 Zeichne den Stundenzeiger und den Minutenzeiger ein.

a) 
22.30 Uhr

b) 
14.35 Uhr

c) 
6.45 Uhr

d) 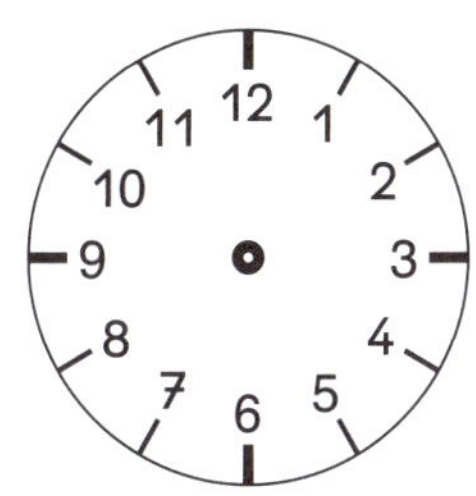
1.20 Uhr

e) 
22.34 Uhr

f) 
21.12 Uhr

g) 
10.03 Uhr

h) 
12.22 Uhr

Zeitpunkte berechnen

1 Trage die richtige Zeigerstellung ein.
Lies immer beide Uhrzeiten ab und schreibe sie auf.

a)

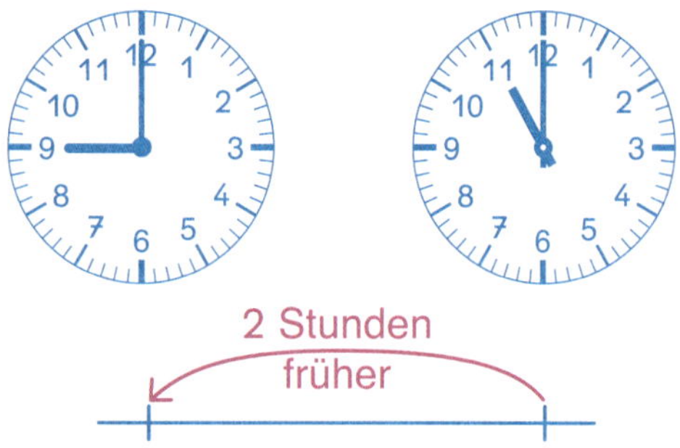

9.00 Uhr — 11.00 Uhr

oder — oder

21.00 Uhr — 23.00 Uhr

b)

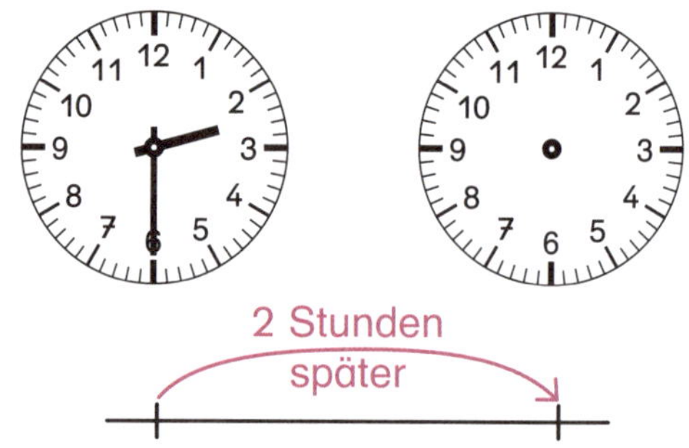

_____ — _____

oder — oder

_____ — _____

c)

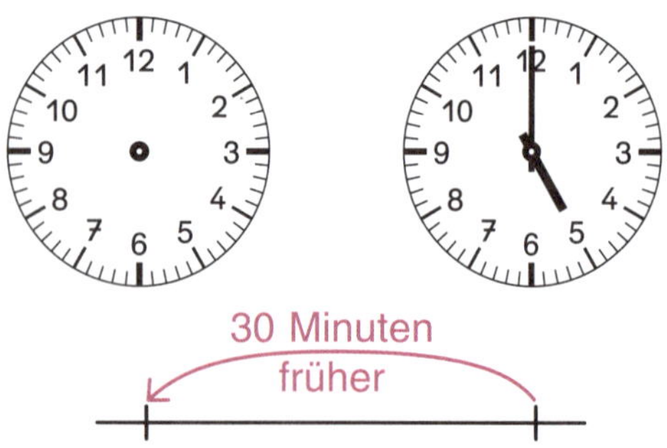

_____ — _____

oder — oder

_____ — _____

d)

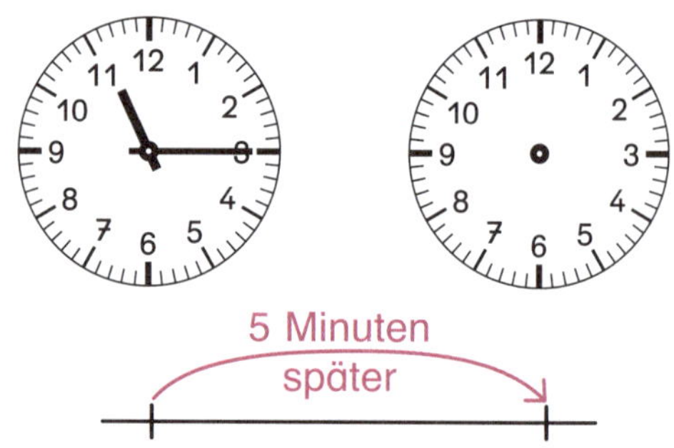

_____ — _____

oder — oder

_____ — _____

2 Berechne die Uhrzeiten.

a) vor 2 Stunden: _____
oder _____

b) in 4 Stunden: _____
oder _____

c) vor 15 Minuten: _____
oder _____

d) in 30 Minuten: _____
oder _____

e) vor 1 Stunde und 30 Minuten: _____
oder _____

f) in 2 Stunden und 15 Minuten: _____
oder _____

Zeitdauer berechnen, vergleichen und prüfen

1 Auf dem Spielplatz

a) Lies die Uhrzeiten ab.
Berechne, wie lange die Kinder auf dem Spielplatz waren.

Mai-Lin
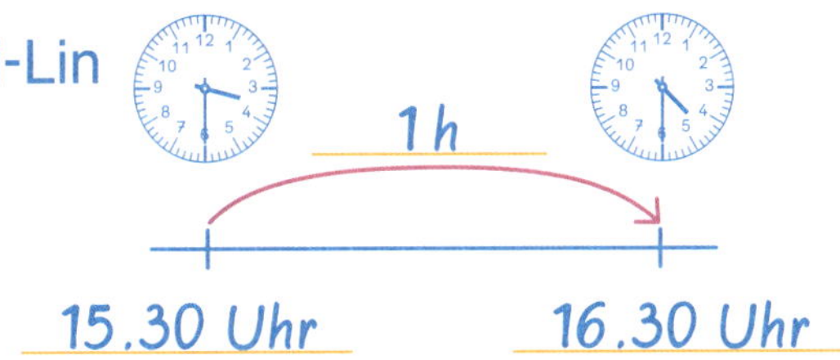

Paul
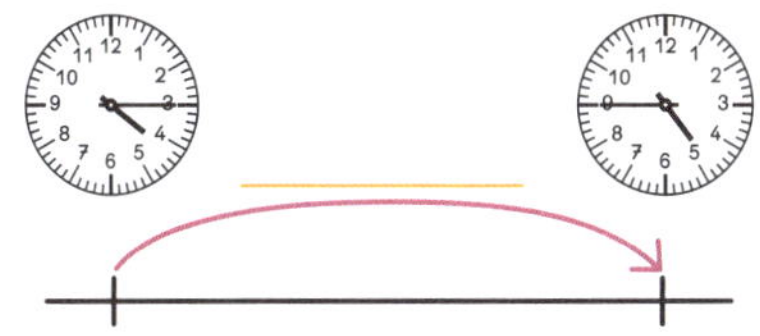

Lena
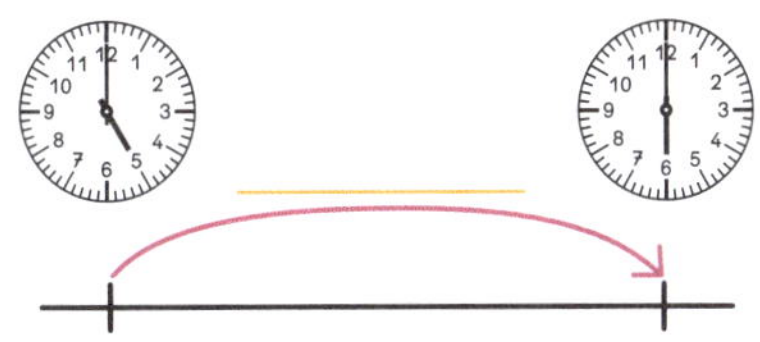

Janek
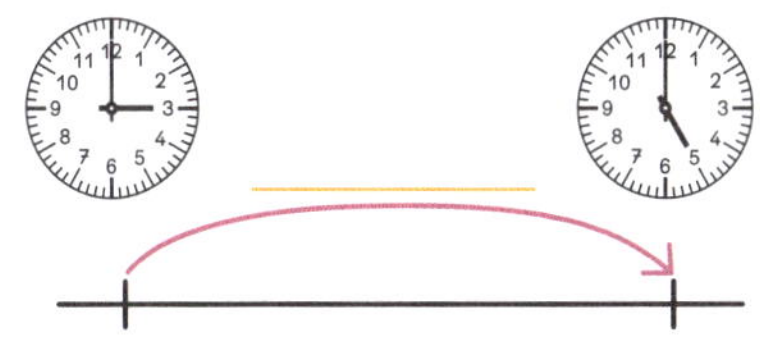

b) Vergleiche und ergänze die Sätze.

__________ war länger auf dem Spielplatz als __________.

__________ war kürzer auf dem Spielplatz als __________.

__________ war genauso lange auf dem Spielplatz wie __________.

2 Überprüfe, ob die Aussagen stimmen können.

- ○ kann stimmen
- ○ kann nicht stimmen

- ○ kann stimmen
- ○ kann nicht stimmen

- ○ kann stimmen
- ○ kann nicht stimmen

3 Überlege, wie viel Zeit du in einem Monat auf dem Spielplatz verbringst.
Besprich deine Überlegungen mit einem anderen Kind.

Längeneinheiten und Längenangaben zuordnen

1 Entscheide, ob die Aussage stimmt, und kreuze an.

	stimmt	stimmt nicht
Ein Auto ist länger als 10 m.		×
Mein Mäppchen ist länger als 10 cm.		
Unser Klassenzimmer ist 5 m hoch.		
Mein Bleistift ist kürzer als 30 cm.		
Meine Schritte sind größer als 1 m.		
Mein Füller ist länger als 10 cm.		

2 Setze m oder cm passend ein.

a) Die Klassenzimmertür ist ungefähr 1 m___ breit.

b) Mein Stuhl ist ungefähr 45___ hoch.

c) Das Plakat an der Wand ist 72___ hoch und 56___ breit.

d) Das Buch ist ungefähr 3___ dick.

e) Der Baum ist ungefähr 20___ hoch.

f) Der Schreibtisch ist 1___ 20___ lang.

3 Ordne die Längenangaben zu und trage ein.

~~4 m~~ | 1 m | 10 m | 100 m | 8 cm | 30 cm | 1 cm | 12 cm

4 m

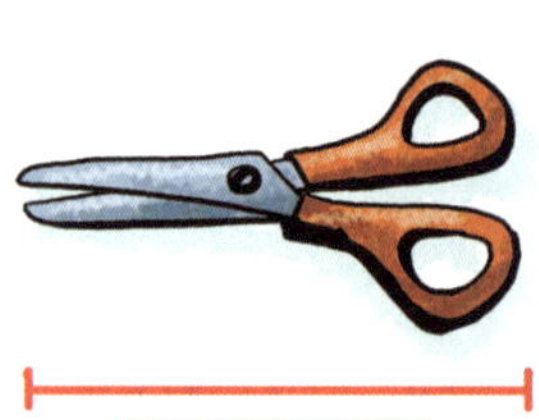

Längen schätzen und vergleichen

1 Schätze, wie lang diese Verkehrsmittel ungefähr in Wirklichkeit sind. Verbinde.

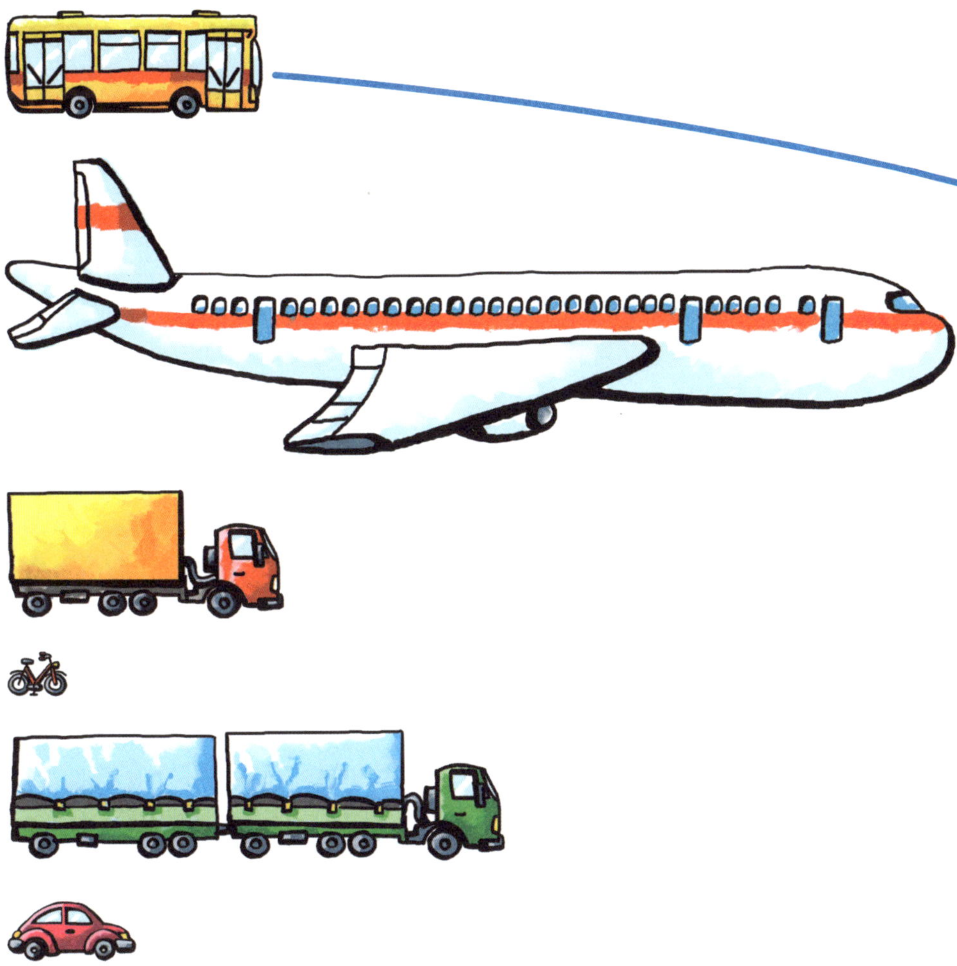

11 m

9 m

40 m

4 m

2 m

19 m

2 Zeichne die Pfeile passend ein.

a) ist länger als →

b) ist kürzer als →

Schülerzahlen im Balken- und im Säulendiagramm darstellen

1 In der Sonnen-Schule gibt es zwei erste und zwei zweite Klassen. Für die Klassen 1 a und 1 b ist die Schülerzahl in einem Balkendiagramm dargestellt.

Klasse	Schülerzahl
1 a	22
1 b	20
2 a	22
2 b	23

a) Ergänze das Balkendiagramm für die beiden zweiten Klassen. Zeichne für jedes Kind ein X.

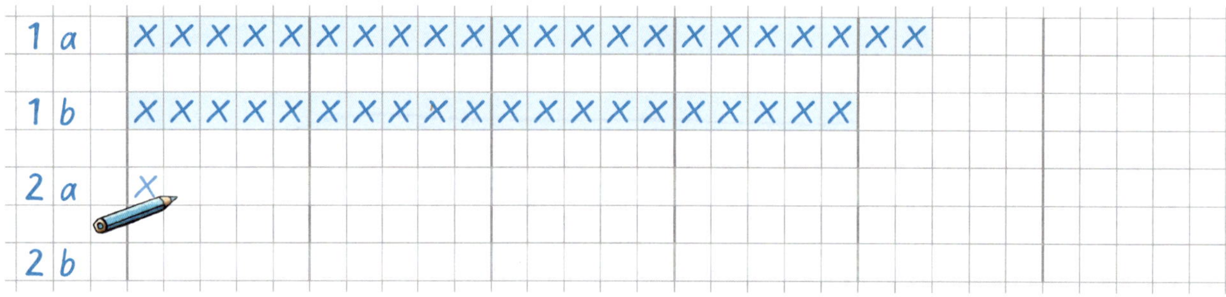

b) Ergänze die Aussagen.

In der Klasse 1 a sind ____ Kinder. In der Klasse 2 a sind ____ Kinder.

Die meisten Kinder sind in der Klasse ____.

Die wenigsten Kinder sind in der Klasse ____.

2 Für die Klassen 1 a und 1 b ist die Anzahl der Jungen und Mädchen in einem Säulendiagramm dargestellt.

Klasse	Mädchen	Jungen
1 a	11	11
1 b	12	8
2 a	10	12
2 b	12	11

a) Ergänze das Säulendiagramm für die Klassen 2 a und 2 b.

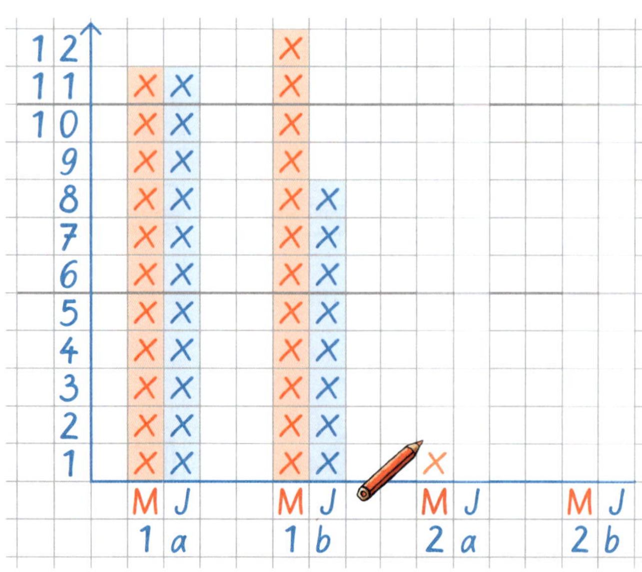

b) Ergänze die Aussagen.

In der Klasse ____ sind die wenigsten Jungen.

In der Klasse ____ sind die meisten Jungen.

In den Klassen ____ und ____ sind gleich viele Mädchen.

In der Klasse ____ sind genauso viele Mädchen wie Jungen.

Alle Möglichkeiten finden und notieren – Anziehen

1 Finde alle Möglichkeiten, wie sich Patrick mit seinen Lieblingshosen und Lieblingsshirts anziehen kann.

a) Zeichne alle Möglichkeiten.

b) Trage alle Möglichkeiten in die Tabelle ein.

	×			

c) Finde eine passende Rechnung und bestimme die Anzahl der Möglichkeiten.

R: ______________________

Patrick hat [ ] Möglichkeiten.

d) Patrick möchte immer 2 verschiedene Farben tragen.
Bestimme, wie viele Möglichkeiten er dann hat. Die Tabelle hilft dir.

Patrick hat ______________________

Wahrscheinlichkeiten und Situationen zuordnen

1 Lea nimmt mit verbundenen Augen 3 Plättchen.

a) Male, welche Farben die Plättchen haben können.

b) Kreuze an.

	sicher	möglich	unmöglich
Ein Plättchen ist rot, zwei sind blau.		X	
Alle drei Plättchen sind rot.			
Ein Plättchen ist blau, zwei sind rot.			
Alle drei Plättchen sind blau.			
Mindestens ein Plättchen ist rot.			

2 Es sind 5 Plättchen. Lea nimmt immer ein Plättchen.
Male rote und blaue Plättchen so, dass die Aussagen stimmen.

a) Es ist sicher, dass Lea ein rotes Plättchen bekommt.

b) Es ist möglich, dass Lea ein rotes Plättchen bekommt.

c) Es ist sicher, dass Lea ein blaues Plättchen bekommt.

d) Es ist unmöglich, dass Lea ein blaues Plättchen bekommt.